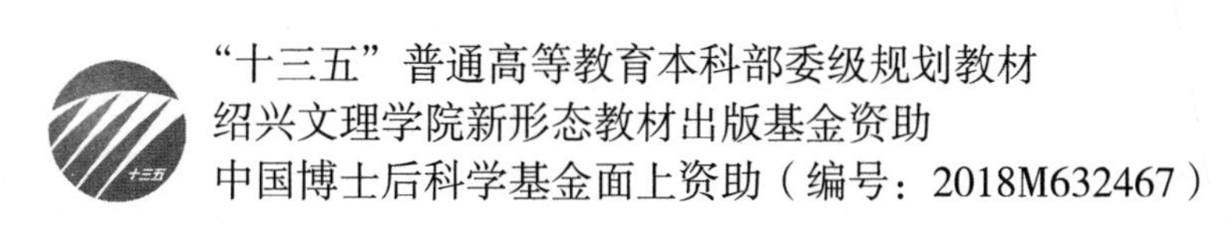

“十三五”普通高等教育本科部委级规划教材
绍兴文理学院新形态教材出版基金资助
中国博士后科学基金面上资助（编号：2018M632467）

织造学实验教程

李曼丽　主　编
陆浩杰　金恩琪　副主编

中国纺织出版社有限公司

内 容 提 要

本书是纺织工程本科专业实验教学的平台课程教材之一，是与织造学理论课程配套的实验教程。

本实验教程分为三个部分：准备篇、织造篇及课程设计篇。准备篇主要涉及络筒机、倍捻机、单纱上浆机、小样整经机等织造前准备设备，研究和讨论设备的操作步骤、工艺参数的设定对成品质量的影响。织造篇主要涉及半自动小样织机、全自动小样织机、大提花小样织机，讨论织布的操作步骤和工艺规格计算。课程设计篇是综合性实验，包括纺织品设计学课程设计、纺织工艺设计，研究和讨论织物设计、工艺规格计算及车间设计等。

本书作为“十三五”普通高等教育本科部委级规划教材、绍兴文理学院新形态教材，为每项实验制作了相应视频，可扫码观看，本书可供高等院校纺织工程专业的师生参考使用。

图书在版编目（CIP）数据

织造学实验教程 / 李曼丽主编. -- 北京 : 中国纺织出版社有限公司，2020.9

“十三五”普通高等教育本科部委级规划教材

ISBN 978-7-5180-7697-0

Ⅰ. ①织… Ⅱ. ①李… Ⅲ. ①织造工艺—高等学校—教材 Ⅳ. ① TS105

中国版本图书馆 CIP 数据核字（2020）第 139284 号

责任编辑：符 芬　　责任校对：王花妮　　责任印制：何 建

中国纺织出版社有限公司出版发行

地址：北京市朝阳区百子湾东里 A407 号楼　邮政编码：100124

销售电话：010—67004422　传真：010—87155801

http://www.c-textilep. com

中国纺织出版社天猫旗舰店

官方微博 http://weibo.com/2119887771

北京密东印刷有限公司印刷　各地新华书店经销

2020 年 9 月第 1 版第 1 次印刷

开本：787 × 1092　1/16　印张：10.25

字数：203 千字　定价：58.00 元

前言

Preface

为贯彻全国高等教育本科教育工作会议精神，开展专业工程教育认证，深入推进高校教育信息化工作，促进“互联网+教育”背景下的高校教材建设工作，纺织工程专业的培养模式和教学方法进行了较大改革。“机织学”作为纺织工程专业必修课程，在理论教学及实践教学两方面进行了相应的改革创新，使理论与实践实现更深入的结合，突出对学生工程能力的培养，强化知识的融会贯通和实际问题的分析能力。

根据工程教育认证的有关要求，培养学生能够应用数学、自然科学和工程科学的基本原理，识别和表达纺织工程领域的复杂工程问题，以及能够熟练运用现代纺织仪器设备，有效开展纺织工程问题的观察、测试及特性分析，并能理解其适用范围与局限性，本书以目前实验室中用于教学实践的纱线加工设备、小样织造设备和相关检测仪器为研究对象，在讲述各工序所用小样设备结构、工艺原理的基础上，讨论工艺参数对纺织成品质量的影响；将前一道工序生产出的成品，用作下一道工序的原料，然后进行性能测试，比较不同工艺生产的成品在性能上的区别；介绍各个设备的操作步骤和工艺调节方法，用视频的形式将每种纺织仪器设备的操作方法记录下来，便于学生后续的实习和课题研究。

本实验教程分为三个部分，分别是准备篇、织造篇、课程设计篇。织前准备篇主要涉及络丝机、络筒机、并丝网络机、倍捻机、定捻机、花式捻线机、花式钩编机、细纱机、单纱上浆机、小样整经机，研究和讨论设备的操作步骤、设备工艺参数的测量、工艺参数的设定及其对成品质量的影响。织造篇主要涉及半自动小样织机、全自动小样织机、大提花小样织机，研究和讨论织机工艺参数的测量、织布的操作步骤和工艺规格计算。课程设计篇包括综合性实验，通常被安排在短学期上，包括纺织品设计学课程设计、纺织工艺设计，研究和讨论织物设计、工艺规格计算和车间设计等。每一项新实验都配备了相应的操作视频资料。

本书涵盖纱线加工生产、面料小样试织、纱线性能测试到综合性实验，贯穿整个纺织品面料的设计开发过程，为纺织工程专业、纺织品设计专业本科阶段的实践教学提供实验指导。编者分工如下：第一章实验1~9由李曼丽编写；第一章实验10~12，第二章实验16~19由陆浩杰编写；第一章实验13~15由金恩琪编写；第三章实验20由姚江薇编写；第三章实验21由缪宏超编写。全书由李曼丽和陆浩杰统稿、插图。

本书受到绍兴文理学院新形态教材建设项目和中国博士后科学基金面上项目（编号：2018M632467）资助，且参考了相关学者、专家著作资料，在此一并表示感谢。

由于编者水平有限，书中难免存在不当之处，恳请读者批评指正。

编者

2020年5月

目录
Contents

第一章

准备篇

实验1 络丝工艺设计

一、实验目的与内容

（1）了解络丝机的工作原理和工艺流程。

（2）了解络丝机的结构及主要部件的作用。

（3）掌握络丝机的操作步骤。

二、实验设备与工具

DLG型电脑高速络丝机、铝直管、机械式张力仪、直尺。

三、相关知识

1. 络丝机结构与用途

DLG型电脑高速络丝机由车头箱1和机身3组成（图1-1）。车头箱1是一个独立动力控制装置，是整机“心脏”部位，车头箱设有数控装置2，可对络丝工艺进行参数设定。机身由机架部件、横动部件4、锭子部件5、张力器部件6等组成。锭子部件主要是由锭座、锭捍、锭盘、轴承等零件组成。锭子灵活性及锭捍、锭盘跳动的情况必须加以严格检查，调整张紧轮的垂直度，使龙带调到中间位置，从而达到锭子运行平稳。横动部件主要由导轨轴承座、直线导轨轴、挑丝梁、重锤等组成，直线导轨轴顶部应校正到同一水平，装上挑丝梁、重锤后，上下手感重力平衡，运动灵活。张力部分主要由张力器、张力横架、导丝横架等组成，并可加重锤舵，调整张力，适应各种规格化学纤维丝的张力要求。

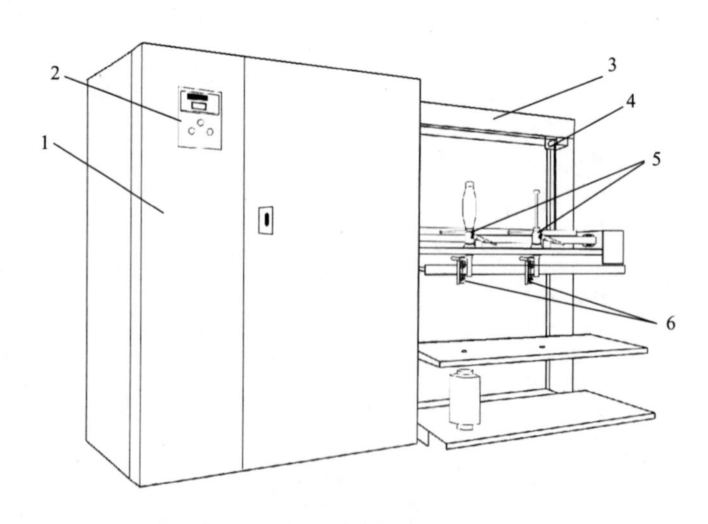

图1-1 DLG型电脑高速络丝机示意图

1—车头箱 2—数控装置 3—机身 4—横动部件 5—锭子部件 6—张力器部件

DLG型电脑高速络丝机不但适用于络化学纤维丝，而且适用于络真丝、麻、棉、毛；既可单根也可股丝；可将4～55.6tex（36～500旦）的原装筒丝（纱）络成各档高度（240～320mm）双锥形筒丝。

2. **络丝工艺设计**

（1）卷绕模式。

①经绕。经绕是菠萝形卷绕的一种，是导丝动程变化的菠萝形卷绕。导丝动程变化的菠萝形卷绕如图1-2所示。开始时，导丝器以H_1的动程卷绕于筒子上，以后每卷绕一层，两端各缩小Δh的距离，每层丝的起始位置不重合，绕满一只筒子时，导丝器的动程缩短为H_2。

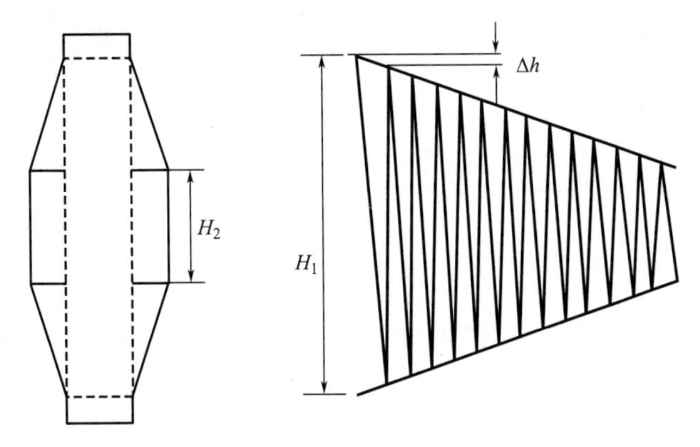

图1-2　经绕形态示意图

②纬绕。纬绕属于纡式卷绕成形，它是短动程导丝。如图1-3所示，导丝器除以动程H_1导丝外，还有一个升级运动，使每次往复后，导丝起始点向管顶方向移动Δh的距离。纡式筒管管底有锥度，因此，丝层便以圆锥形逐层卷绕在筒管上。成形机构采用左右不对称的等速直线运动的凸轮，使往复速度不等，其中导丝速度慢的为卷绕层，导丝速度快的为束缚层，束缚层用以束缚卷绕层，并把两个卷绕层分开，避免成形松弛及外层丝线嵌入内层。

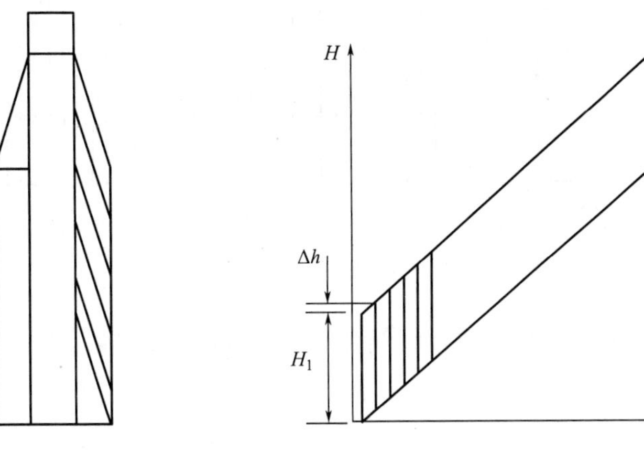

图1-3　纬绕形态示意图

③混合绕。混合绕属于导丝动程不变的菠萝形卷绕。导丝动程不变的菠萝形卷绕，其导丝动程虽然不变，但卷绕起始点在不断变化，如图1-4所示。图中导丝动程为H_1，每卷绕一层丝，导丝起始点上移Δh距离，绕满一只筒子为一个大周期。导丝起始点的总移距为一个锥角的高度H_2，筒子成形的总动程为$H=H_1+H_2$。

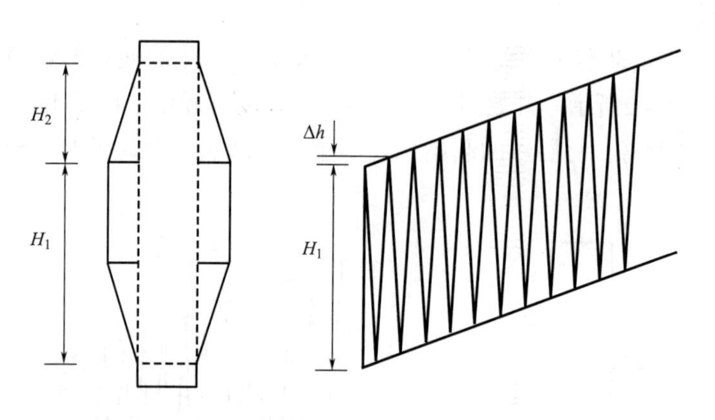

图1-4 混合绕形态示意图

④瓶绕。瓶绕即为瓶形卷绕。筒管与纡式、类纡式卷绕不同，为单侧有边圆柱形筒管。在卷绕过程中，导丝的起始点始终不变，而导丝动程不断变化，导致导丝终点不断变化，如图1-5所示。即第一层以动程H_1卷绕于筒管上后，以后每绕一层丝，导丝动程在管顶方向缩小Δh距离，绕至根据设定的锥角高度，导丝动程为H_2为止，如图1-5所示。然后，导丝动程以Δh的移距向管顶方向逐层增加，也即导丝终点逐步上移，绕至顶部，形成管顶锥角，这样反复多个循环，完成一个卷绕周期。该卷绕多采用电子式成形机构完成。

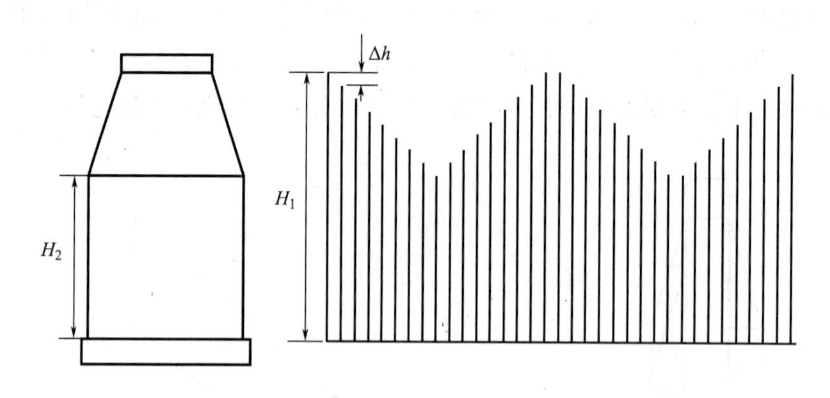

图1-5 瓶绕形态示意图

（2）张力装置形式与工艺参数。络筒张力的影响因素很多，生产中主要是通过调整张力装置的工艺参数来加以控制。因此，张力装置的工艺参数是络筒工艺设计的一项重要内容。

张力装置有许多种形式，它们都是以工作表面的摩擦作用使纱线张力增加，达到适当的张力数值。设计合理的张力装置应符合结构简单，张力波动小，飞花、杂物不易堆积堵塞的要求。

如图1-6所示是络丝机上使用的梳形张力装置，它采用倍积法工作原理，通过调节张力弹簧来改变纱线对梳齿的包围角，从而控制络丝张力。

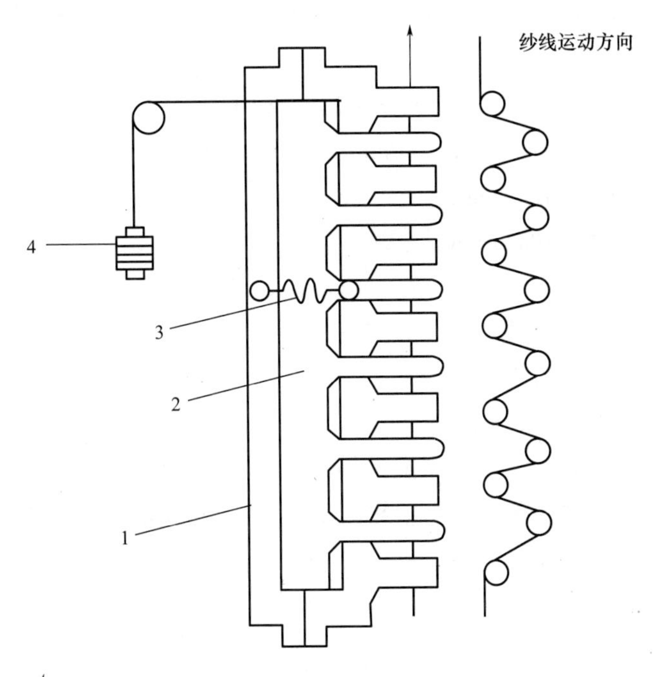

图1-6　络丝机的梳形张力装置
1—固定梳齿　2—活动梳齿　3—张力弹簧　4—张力重锤

络丝机上的张力装置的工艺参数主要是梳齿张力弹簧力。梳形张力装置上梳齿张力弹簧力的调节加压压力由张力重锤4进行调节，加压力的大小应当轻重一致，在满足筒子成形良好或后加工特殊要求的前提下，采用较轻的加压压力，最大限度地保持纱线原有质量。

适度的张力要根据所加工织物的要求和原纱的性能来定，一般可在表1-1范围中选定。

表1-1　原料品种与张力弹簧力设置范围

原料品种	张力值范围
棉纱	张力不超过其断裂强度的15%～20%
毛纱	张力不超过其断裂强度的20%
麻纱	张力不超过其断裂强度的10%～15%
桑蚕丝	2.64～4.4cN/tex
涤纶长丝	0.88～1.0cN/tex

（3）导纱距离。普通管纱络筒机采用短导纱距离，一般为60～100mm，合适的导纱距离应兼顾插管操作方便、张力均匀及脱圈、管脚断头最少等因素。自动络筒机的络筒速度

很高，一般采用长导纱距离并附加气圈破裂器或气圈控制器。

（4）络丝速度。络丝速度影响络丝机器效率和劳动生产率。现代自动络丝机的设计比较先进、合理，络丝速度一般达到1200m/min以上。对于棉、毛、丝、麻、化学纤维不同纤维材料、不同纱线，络丝速度也各不相同。如果纱线比较细、强力比较低或纱线质量较差、条干不匀，这时应选用较低的络筒速度，以免断头增加和条干进一步恶化。计算络丝机初始、终止丝速的公式如下：

$$V_{始}=\pi D_{始} n_{始} \times 10^{-3}$$

式中：$V_{始}$——丝线初始卷绕线速度，m/min；

$D_{始}$——卷绕筒管外径，mm；

$n_{始}$——锭子起始转速，r/min。

$$V_{终}=\pi D_{终} n_{终} \times 10^{-3}$$

式中：$V_{终}$——丝线终止卷绕线速度，m/min；

$D_{终}$——卷绕筒子最终卷绕直径，mm；

$n_{终}$——锭子终止转速，r/min。

（5）防叠参数。为减少纱线的摩擦损伤，长丝卷绕使用锭轴传动的络筒方式。导丝器往复导丝一次，筒子转数为筒子两层卷绕纱圈数，即该机构的卷绕比i为：

$$i=\frac{n_{k}}{f_{H}}$$

式中：n_{k}——筒管转速，r/min；

f_{H}——导丝器往复频率。

i的小数部分a确定了筒子大端和小端端面上某些纱圈折回点相互重合的可能性，因此，卷绕的防叠效果取决于a的正确选择，a被称为防叠小数。

四、任务实施

视频 1–1

实操视频1–1。

1. 准备工作

（1）检查原纱与所络品种是否相符。在络丝机机架上选择一个锭位，将原纱筒放置在锭位下方平台上。

（2）取一只铝筒管，将筒管插入锭杆，并插至锭座上。

（3）纱线从纱筒上退绕下来，经过气圈破裂器后通过梳形张力装置，再经过导丝器，把丝头固定在筒管上，并把筒管向预锭子转动方向转1～2圈，测试纱线退绕张力。如图1–7所示。

2. 参数设置

开机后，在车头箱液晶显示器上，从左至右将“JT–626”移入显示窗，然后闪烁显示2s，再显示版本号“U5.00”1s，然后自动进入监视模式（图1–8）。

设定参数操作步骤如下。

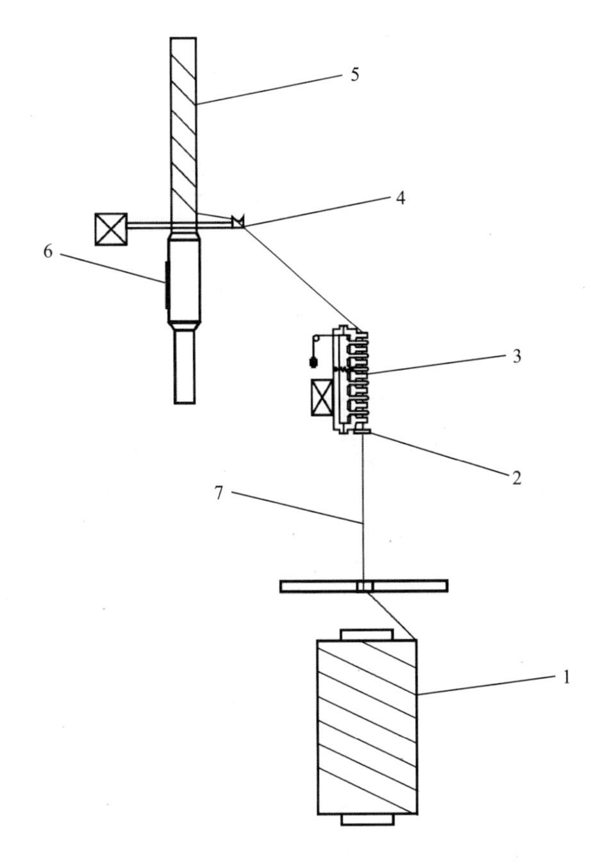

图1-7　络丝机穿纱示意图

1—纱筒　2—气圈破裂器　3—梳形张力装置　4—导纱器　5—铝直管　6—锭子部件　7—纱线

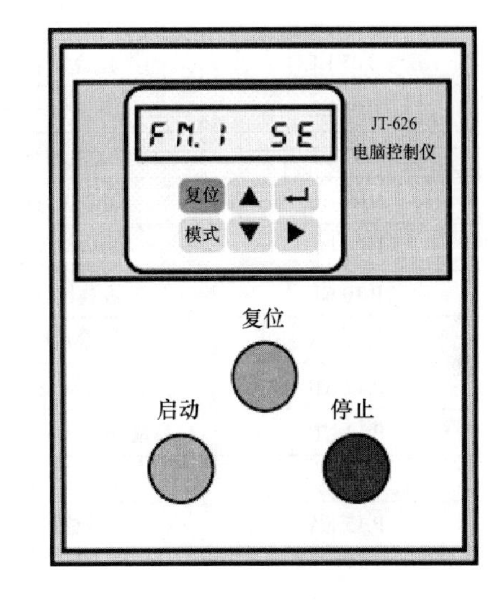

图1-8　DLG电脑高速络丝机控制面板和监视窗口

（1）按“模式”键，控制器在监视模式和设定模式之间切换，进入设定模式之后，根据参数表（表1-2），用“上升”（▲）、“下降”（▼）键选择所要设定的参数，若要查看参数，按“右移”（▶）键，可在参数值与参数号位之间轮流切换。

（2）按“回车”键进入参数设定状态，该参数的第一位闪烁，用“上升”（▲）、“下降”（▼）键修改参数，满意后按“右移”（▶）键，第二位闪烁。当移到显示器的最后一位按“回车”键写入，若写入正确，显示器先显示“End”0.5s，再显示设定的参数值。

例如，调整时间P02，（其他操作类似），先按“上升”（▲）2次，显示出P02，再按“回车”（←），显示出原来已定的时间，要增加或减少，请按“上升”（▲）、“下降”（▼）键［如要变动小数，请按“右移”（▶）键后再按（▲）、（▼）键］，变好后再按“回车”键。

（3）若要取消当前运行而重新开始，只需在监视模式下按控制器操作面板上的“复位”键，即可清除。此时，监视参数“Fn.4Cr”显示“0.0”，以确保运行重新开始。

DLG电脑高速络丝机参数设置见表1-2。

3. **开机操作**

开机前先按黄色“复位”键复位，导丝器回落至初始位置。按绿色按钮开启设备，整机投入运行，并自动计数。

表1-2 DLG电脑高速络丝机参数设置表

参数标号	功能	参数范围	备注
P.01 DD	卷绕模式	1 ~ 4	经绕、纬绕、混合绕、瓶绕
P.02 TR	运行时间/min	5 ~ 120	根据纱线粗细而增减
P.03 L1	起始动程/mm	200 ~ 240	按筒管长短而调整
P.04 L2	终止动程/mm	60 ~ 70	
P.05 F1	起始频率/Hz	45 ~ 50	
P.06 F2	终止频率/Hz	20 ~ 25	
P.07 UT	横动速度/（$mm \cdot s^{-1}$）		请勿改变
P.08 BB	起绕位置/mm	5 ~ 50	请勿改变
P.09 DL	引纱延时/s	15 ~ 25	
P.10 CL	防叠长度/mm	5 ~ 10	
P.11 CN	防叠层数/层	2 ~ 5	请勿改变
P.12 AR	自动退杆	1	请勿改变
P.13 UU	移动速度/（$mm \cdot min^{-1}$）	50	请勿改变
P.14		0 ~ 1	1往复运转
P.15 EA	参数修改允许		0锁定，1打开

4. **值车过程要点**

（1）如果要监视络丝机运行参数，可根据监视参数表（表1-3），用“上升”（▲）、“下降”（▼）键选择所要的参数号，按“回车”（←）键显示参数值，用“右移”（▶）键可在参数号和参数值之间来回切换，若在参数状态下，不按任何键，5s后自动进入参数值显示状态。

（2）断丝时可用剁钳将锭子停用，接丝头应接在下端锥度内，使退解方便。

（3）注意操作安全，不要触碰设备部件。

表1-3 DLG电脑高速络丝机监视器参数表

参数标号	功能	备注
Fn.1St		Stp：停机 run：正常运行 Acc：加速中 dEc：减速中 rst：复位中 Ltd：已复位
Fn.2Lc	当前动程/mm	监视升降动程的长短
Fn.3Fc	当前频率/Hz	监视当前的龙带频率
Fn.4Cr	完成率/%	本次成形完成的百分比

5. 停车要点

（1）等到络丝时间到达预定时间时，络丝机自动停止络丝。等待锭子完全停止转动后，方可把络好丝的铝筒管拔出。

（2）注意在取放筒管时，不要用手触摸纱体，已免纱线起毛。

6. 络丝工艺测量

（1）记录络丝机卷绕模式、卷绕时间、起始动程、终止动程、防叠长度等工艺参数。

（2）测量筒管的直径、筒子卷绕的最终直径。

（3）测量导纱距离，即管纱顶端到导纱板之间的距离。

（4）络丝张力测量实验步骤。按要求在络筒机上穿好线；在梳形张力装置器上夹好纱线；启动络丝机；放置单纱张力仪于张力装置与导纱器之间；注意在络丝过程中，络丝张力始终是一个波动值，因此，在读取张力仪数值时，读出指针摆动区的中点数值，即为检测时段内张力的平均值。

五、数据与分析

1. 络丝原料（表1–4）

表1–4 络丝原料品种

原料品种		线密度/tex		原料筒子形状	

2. 络丝机工艺设计（表1–5）

表1–5 络丝机工艺设计参数

络丝机型号		卷绕时间/min		卷绕模式		导纱距离/mm	
络丝起始速度/（m·min^{-1}）		起始动程/mm		张力装置形式		防叠长度/mm	
络丝终止速度/（m·min^{-1}）		终止动程/mm		络丝张力/cN		防叠层数/层	
络丝转速/（r·min^{-1}）		防叠小数		—		—	

注 要求列出原始数据、计算过程。

实验2 络筒工艺设计

一、实验目的与内容

（1）了解络筒机的工作原理和工艺流程。

（2）了解普通络筒机的结构及主要部件的作用。

（3）掌握络筒机络筒的操作步骤。

二、实验设备与工具

高速络筒机、机械式张力仪、直尺。

三、相关知识

1. 络筒机结构与用途

高速络筒机由控制器和机身组成（图2-1）。控制器2是一个数控装置，可对络筒工艺进行参数设定。机身由机架部件、卷绕部件、传动部件、张力器部件等组成。卷绕部件主要是由导纱器5、滚筒6、筒锭握臂7、轴承等零件组成。传动部件主要由导轨轴承座、皮带、齿轮等组成。张力部分主要由张力器8、气圈破裂器9、张力传感器10、导纱钩11等组成，可加垫圈以调整张力，适应各种规格棉纱的张力要求。

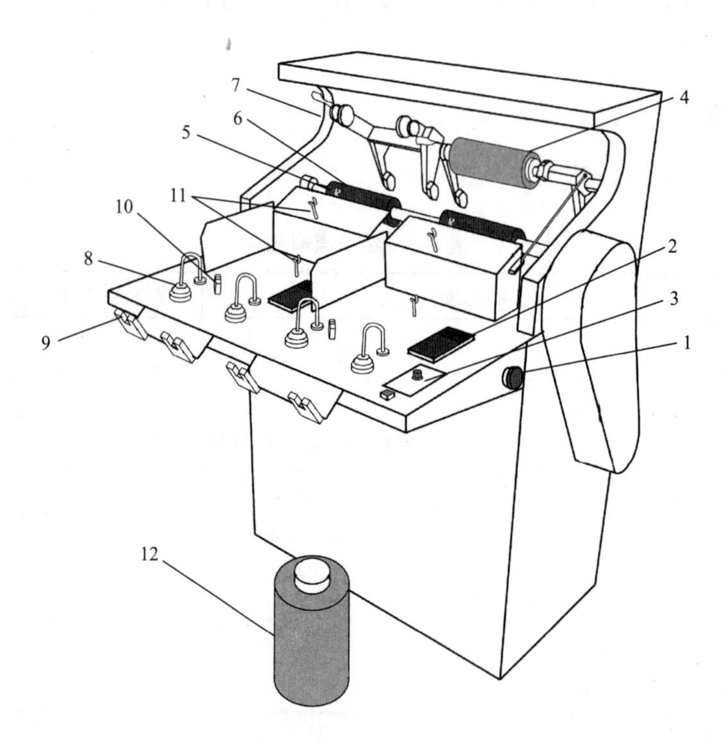

图2-1 高速络筒机结构示意图

1—电源总开关 2—控制器 3—无级调速旋钮 4—16.5cm（6.5英寸）筒管 5—导纱器 6—槽筒 7—筒锭握臂 8—张力器 9—气圈破裂器 10—张力传感器 11—导纱钩 12—原料纱筒

高速络筒机不但适用于络化学纤维长丝，而且适用于络真丝、麻、棉、毛；既可单根也可并丝；既可长丝也可短纤；可将4～55.6tex（36～500旦）的原装筒丝（纱）络成交叉卷绕圆柱形筒子。

2. 络筒工艺设计

（1）圆柱形筒子卷绕形式。圆柱形筒子主要有平行卷绕的有边筒子、交叉卷绕的圆柱形筒子和扁平筒子等，如图2-2所示。

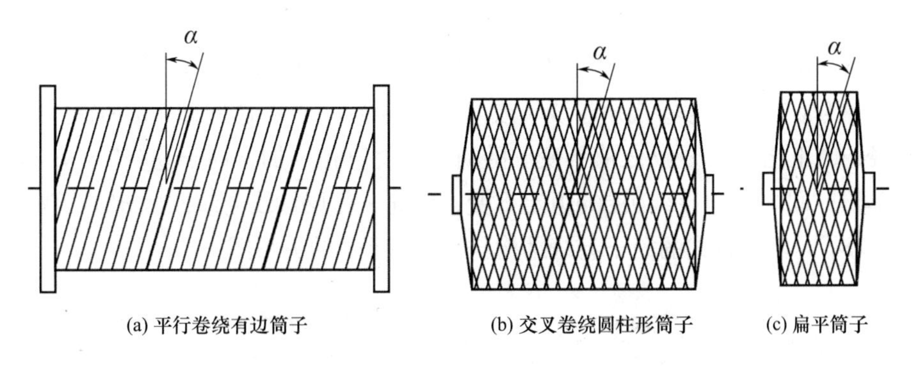

图2-2　圆柱形筒子卷绕形式（α为卷绕角）

（2）卷绕结构变化规律。圆柱形筒子卷绕时，通常采用等速导纱的导纱器运动规律，除筒子两端的纱线折回区域外，导纱速度v_2为常数。在卷绕同一层纱线过程中v_1为常数，于是除折回区域外，同一纱层纱线卷绕角恒定不变。将圆柱形筒子的一层纱线展开如图2-3所示，展开线为直线。

由图可知：

$$\sin\alpha=\frac{v_2}{v}=\frac{h_n}{\pi d_k}$$

$$\tan\alpha=\frac{v_2}{v_1}=\frac{h}{\pi d_k}$$

$$\cos\alpha=\frac{v_1}{v}=\frac{h_n}{h}$$

$$v_1=\pi d_k\cdot n_k$$

$$h=\frac{v_2\pi d_k}{v_1}=\frac{v_2}{n_k}$$

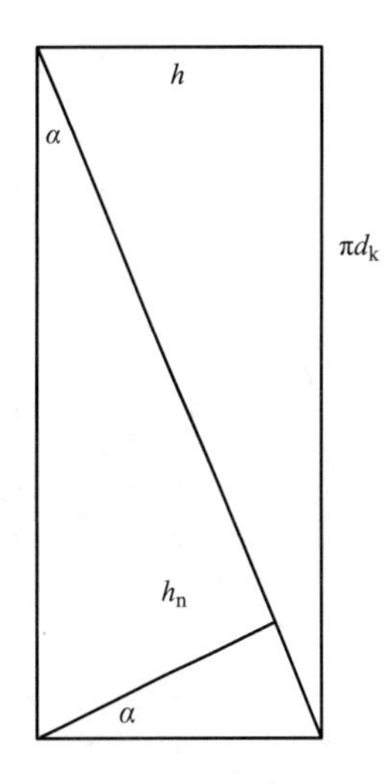

图2-3　卷绕螺旋线圈

式中：v ——络筒速度，cm/s；

v_1——圆周速度，cm/s；

v_2——导纱速度，cm/s；

d_k——筒子卷绕直径，cm；

n_k——筒子卷绕转速，r/min；

h ——轴向螺距，cm；

α ——螺旋线升角，即卷绕角；

h_n——法间螺距，cm。

①等螺距卷绕。采用筒子轴心直接传动的锭轴传动卷绕机构，能保证v_2与n_k之间的比值不变，从而h值不变，称为轴向等螺距卷绕。在这种卷绕方式中，随着卷绕直径增大，每层纱线卷绕圈数不变，而纱线卷绕角逐渐减小。生产中，对这种卷绕方式所形成的筒子提出了最大卷绕直径的规定，通常规定筒子直径不大于筒管直径的3倍。如果筒子卷绕直径过大，其外层纱圈的卷绕角会过小，在筒子两端容易产生脱圈疵点，而且筒子内外层纱线卷

绕角差异将导致内外层卷绕密度不匀，对于无梭织机上纬纱退绕以及筒子染色不利。

②等卷绕角卷绕。采用槽筒摩擦传动的卷绕机构，能保证整个筒子卷绕过程中v_1始终不变，于是α为常数，称等卷绕角卷绕（或等升角卷绕）。这时法向螺距h_n和轴向螺距h分别与卷绕直径d_k成正比，但$h_n:h$之值不变。随筒子卷绕直径增加，筒子卷绕转速n_k不断减小，而导纱器单位时间内单向导纱次数m恒定不变，因此，每层纱线卷绕圈数m'不断减小。

图2-4为不同传动方式的筒子卷绕结构与筒子直径d_k的关系图。

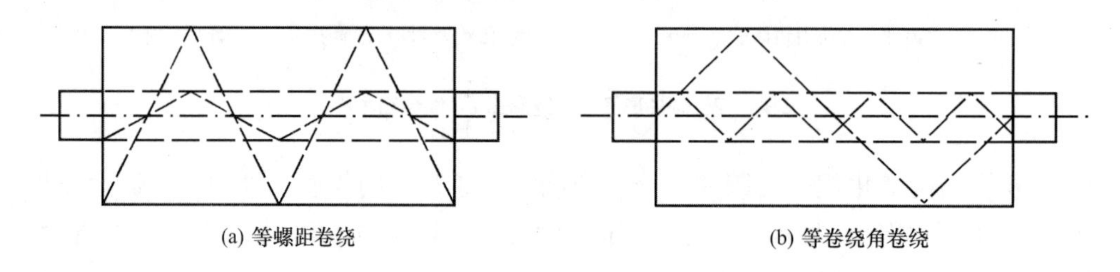

图2-4 不同传动方式的筒子卷绕结构与筒子直径d_k的关系图

（3）张力装置与张力工艺参数。络筒张力的影响因素很多，生产中主要是通过调整张力装置的工艺参数来加以控制。因此，张力装置的工艺参数是络筒工艺设计的一项重要内容。要求与络丝工艺要求一致。

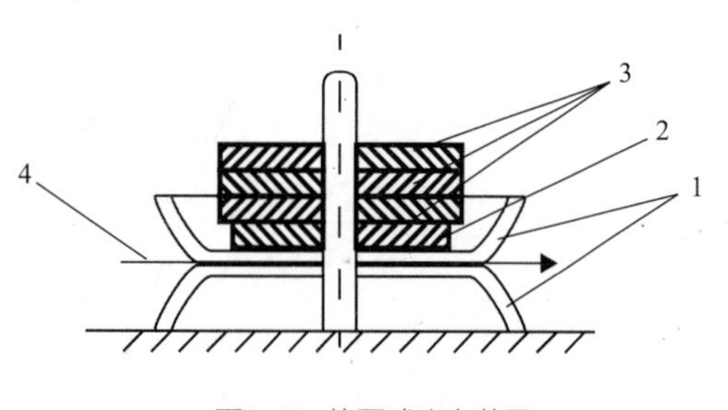

图2-5 垫圈式张力装置

1—上下张力盘 2—缓冲毡块 3—张力垫圈 4—纱线

图2-5所示是络筒机上使用的垫圈式张力装置，它采用累加法和倍积法兼容的工作原理，通过调节垫圈压力来改变两平面对纱线产生的摩擦阻力，从而控制络丝张力。

对于垫圈加压方法，当纱线高速通过张力装置工作表面之间时，因纱线直径不匀而引起的上张力盘和垫圈的跳动十分剧烈，加速度a交变幅值大，由跳动加速度带来的纱线附加张力使络筒动态张力发生明显波动，这是此种加压方法的一个主要缺点。因此，使用这种张力装置时，必须采取良好的缓冲措施，减少上张力盘和垫圈的跳动，以提高装置的高速适应性。

（4）导纱距离。普通管纱络筒机采用短导纱距离，一般为60～100mm，合适的导纱距离应兼顾插管操作方便、张力均匀和脱圈、管脚断头最少等因素。自动络筒机的络筒速度很高，一般采用长导纱距离并附加气圈破裂器或气圈控制器。

（5）络丝速度。络丝速度会影响络丝机器效率和劳动生产率。现代自动络丝机的设计比较先进、合理，络丝速度一般可达到1200m/min以上。用于棉、毛、丝、麻、化学纤维不同纤维材料、不同纱线时，络丝速度也各不相同。如果纱线比较细、强力比较低或纱线质量较差、条干不匀，这时应选用较低的络筒速度，以免断头增加和条干进一步恶化。

在槽筒摩擦传动方式下，由于筒子由滚筒或槽筒摩擦传动，故筒子的转速随筒子直径的增大而逐渐降低，而滚筒或槽筒的平均转速是不变的，因此，用滚筒或槽筒的转速来计算络丝速度比较准确。

丝线卷绕到筒子表面某一点时的络丝速度V，可以看作这一瞬时筒子表面该点的圆周速度V_1和丝线沿筒子轴线方向移动速度V_2（即导丝速度）的矢量和，如图2-6所示。

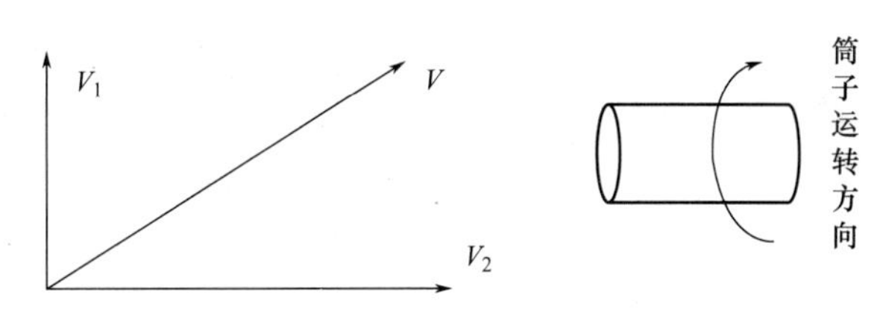

图2-6　络丝速度分解示意图

数值上络丝速度V的计算公式如下。

$$V=\sqrt{V_1^2+V_2^2}$$

筒子表面线速度V_1的计算公式如下。

$$V_1=n_c\pi d_c\eta$$

式中：n_c——滚筒或槽筒转速，r/min；

d_c——滚筒或槽筒直径，cm；

η——筒子对滚筒或槽筒的滑移率。

滑移率表明筒子表面与滚筒或槽筒表面的打滑情况，可以近似地用实际绕丝长度与理论绕丝长度的比值代替，通过测量求得。一般滑移率为0.95左右。

V_2的计算方法按导丝方式区分。

①筒子由槽筒摩擦传动，槽筒导丝。

$$V_2=n_ch_{cp}$$

式中：h_{cp}——槽筒一转的平均导丝动程，cm。

则络丝速度V计算公式如下。

$$V=\sqrt{(n_c\pi d_c\eta)^2+(n_ch_{cp})^2}$$

②筒子由滚筒传动，导丝器导丝。

$$V_2=n_2h'_{cp}$$

式中：n_2——成形凸轮转速，r/min；

h'_{cp}——导丝器来回一次导丝的平均动程，cm。

则络丝速度V计算公式如下。

$$V=\sqrt{(n_c\pi d_c\eta)^2+(n_2h'_{cp})^2}$$

（6）防叠方法。

①控制防叠小数的方法。当导丝器做一次往复时，筒子回转转数的零数部分造成筒子端面上的丝圈位移，其所对的圆心角φ称作丝圈位移角，以弧度表示，可由下式求得。

$$\varphi=2\pi（i-i_1）$$

锭子传动，锭速固定的络筒机的卷绕比i是固定不变的，卷绕比的小数部分（$i-i_1$）确定丝圈的位移角φ，因此，卷绕的防叠效果取决于卷绕比的小数部分的正确选择，（$i-i_1$）被称为防叠小数。理想的防叠效果表现为：筒子两端丝圈转折点分布均匀、离散；重叠点之间相隔的丝层数多。

为此，防叠小数可设计为0.4或0.6左右的无限不循环小数，如图2-7所示。图2-7（a）为i=0.4时筒子端面丝圈位移；图2-7（b）为i=0.6时筒子端面丝圈位移情况，图中1，2，3，4，5表示导丝往复的次序。从图中可知，筒子端面的丝圈分布状态为不规则的五角星形，所以，丝圈在筒子表面分布均匀，而且相邻两次往复导丝所绕的丝圈分得较开，卷绕稳定性良好，退解时不易带动其他丝圈。

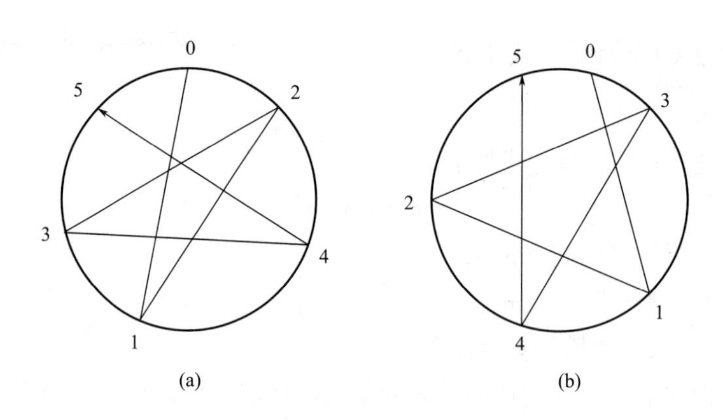

图2-7　i为0.4或0.6时筒子端面的丝圈位移图

精密络筒机机构的卷绕比i的计算公式如下。

$$i=\frac{n_k}{f_H}$$

式中：n_k——筒管转速，r/min；

f_H——导丝器往复频率。

②周期性改变导纱器运动。滚筒摩擦传动、导纱器独立运动的络筒机上，通过导纱器往复运动频率按一定规律变化，即通过变频导纱来实现防叠目的。由于导纱器往复运动频率不断变化，于是任意几个相邻纱层的每层纱因数m'不可能相等。当某一纱层卷绕符合重叠条件（$2m'$为整数），引起纱圈重叠时，相邻纱层的卷绕必不符合这一条件，于是，刚发生的重叠现象被立即停止，起到防叠作用。

③周期性地改变槽筒的转速。筒子由槽筒摩擦传动，当槽筒的转速做周期性变化时，筒子转速也相应地发生变化。由于筒子具有惯性，因此，两者的转速变化不同步，相互之间产生滑移，当筒子直径达到重叠的条件时，因为滑移的缘故，重叠条件破坏，从而避免了重叠的继续发生。电子式无触点的可控硅防叠装置就是通过周期地对传动槽筒的电动机断电来实现这一防叠原理的。

在以变频交流电动机传动单锭槽筒的络筒机上，采用变频的方法使变频调速交流电动机的转速发生变化，从而使槽筒与筒子之间产生滑移，起到筒子防叠作用。通过计算机控制频率变化的周期和幅度，可以改变防叠作用强度，既达到良好的防叠效果，又不因过度滑移而损伤纱线的原有质量。

④周期性地轴向移动或摆动筒子握臂架。使筒子握臂架做周期性的轴向移动或摆动，也可以造成筒子与槽筒的滑移，使重叠条件破坏，从而避免重叠的产生。

槽筒与筒子之间的滑溜摩擦一方面可以防止纱圈重叠，另一方面也会增加纱线毛羽。由于纱圈重叠只可能在$2m'$或$2nm'$为整数时发生，也就是只可能在筒子络卷到某些特定的直径时发生。因此，由计算机控制适时地采用上述两条措施，既能达到防叠效果，又可避免不必要的纱线磨损，减少因磨损引起的纱线毛羽。

⑤利用槽筒本身的特殊结构防叠。曾被应用于实际生产中的这类措施有以下几种。

使沟槽中心线左右扭曲。利用自由纱段的作用，让纱圈的卷绕轨迹与左右扭曲的槽筒沟槽不相吻合，当筒子表面形成轻度的重叠纱条时，纱条与槽筒沟槽的啮合现象不可能发生，于是使进一步的严重重叠得以避免。

自槽筒中央引导纱线向两端的沟槽为离槽，相反，引导纱线返回中央的沟槽为回槽。将回槽设计为虚纹或断纹（一般断在与离槽的交叉口处），当纱圈开始轻微重叠时，由于虚纹和断纹的作用抬起筒子，立即引起传动半径的变化，从而改变筒子的转速，避免进一步的重叠过程持续很久。

改设直角槽口。改普通对称的V形槽口为直角槽口也能防止重叠条带陷入沟槽。直角槽口必须对称安排，才能起到抗啮合的作用。

四、任务实施

1. 准备工作

（1）检查原纱与所络品种是否相符。在络筒机机架上选择一个锭位，将原纱筒放置在锭位下方平台上。

（2）取一只长度为16.5cm（6.5英寸）的筒管，搬开筒锭握臂，将筒管插入锭捍，合拢筒锭握臂，使筒管安插在锭座上。

（3）纱线从原纱筒上退绕下来，经过气圈破裂器后通过垫圈张力装置，穿过清纱器和探纱杆，再经过导丝器，把丝头固定在筒管上，并把筒管向预转动方向转1～2圈，测试纱线退绕张力。

（4）按下筒锭握臂，向滚筒表面压紧筒管。

2. 参数设置

（1）开机后，在控制器液晶显示器上实时显示已络米数，如图2-8所示。

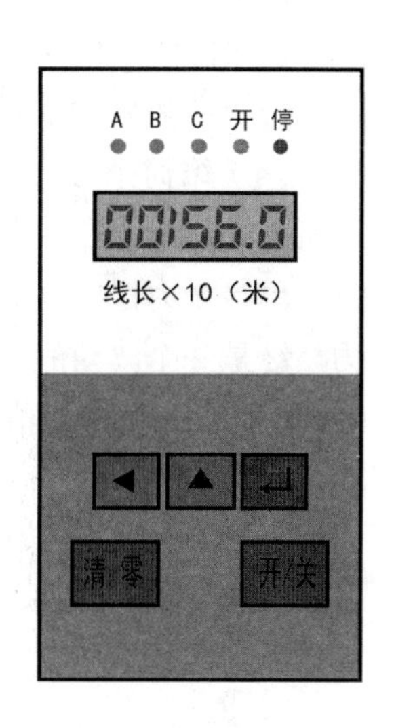

图2-8 高速络筒机控制器示意图

（2）按“↵”键，进入络筒定长米数设置。点击“◄”，光标移动，移到所指定的位数上，点击“▲”，改变数值。改变完成后按“↵”，完成设置。

（3）按“▲”键，进入络筒卷绕直径设置。长按“▲”键5s，光标闪动，此时显示器显示“L...65”，表示现在选择的是65cm的卷绕直径。点击“▲”，选择所需卷绕直径。一共有三种卷绕直径可选择，分别是62cm、65cm、82cm。选择完成后，按“↵”键，完成设置。

（4）控制器显示屏在实时显示络筒米数状态下，长按“清零”键5s，显示络筒米数清空，显示为“0”。此时可从零开始计米数。

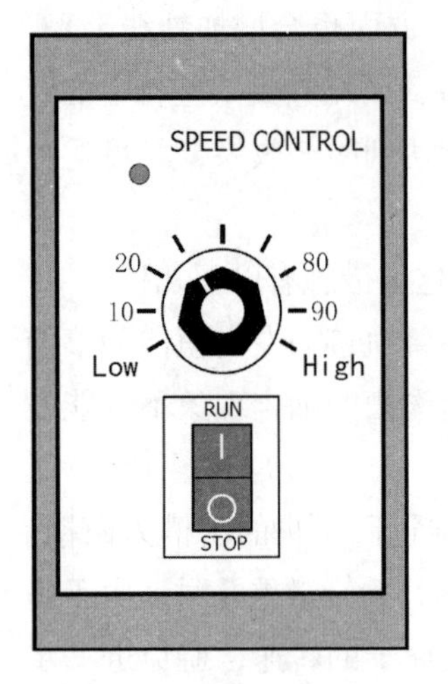

图2-9 无级调速旋钮示意图

3. **开机操作**

（1）打开总电源，扳动开关至“RUN”，开启设备，整机投入运行，并自动计数。

（2）断丝时可扳动开关至“STOP”，停止络筒，接好头再次启动设备。

（3）调节络筒转速，可以旋动无级调速旋钮。顺时针方向旋动，络筒转速加快，逆时针方向旋动，络筒转速减慢。如图2-9所示。

（4）络筒张力不足时，可增加垫圈数量，使络筒张力增加。

（5）注意操作安全，不要触碰设备部件，不要干扰丝条退绕卷绕。

4. **停车要点**

（1）当络筒到达设定米数时，络筒机自动停止络筒。

（2）如遇到紧急情况或想要中止络筒时，可按下紧急停车按钮。

（3）当络筒机完全停止后，抬起筒锭握臂，取出筒管，完成络筒。

5. **络丝工艺测量**

（1）使用非接触式转速表测量高速络筒机的槽筒转速、导丝器往复运动频率。

（2）测量筒管和滚筒的直径及滚筒一转导纱动程。在测量滚筒一转导纱动程时，可先在滚筒上做好导纱器位置的标记，手动推动滚筒一周，再标记导纱器在滚筒上的位置，然后测量两标记点间的动程距离。

（3）测量导纱距离，即管纱顶端到导纱板之间的距离。

（4）络筒张力测量实验步骤：在天平上称量张力垫圈和压力铜片的重量；按要求在络筒机上穿好线；在圆盘式张力器上按要求放上若干压力铜片；启动络筒机；放置单纱张力仪，单纱张力仪应放在张力装置与槽筒导纱点之间的纱线上；注意在络筒过程中，络筒张力始终是一个波动值，因此，在读取张力仪数值时，读出指针摆动区的中点数值，即为检测时段内张力的平均值。

五、数据与分析

1. **络筒原料（表2-1）**

表2-1 络筒原料品种

原料品种		线密度/tex		原料筒子形状	

2. 络筒机工艺参数设计（表 2–2）

表2–2 络筒机工艺参数设计

络筒机型号		卷绕丝长/m		筒子卷绕形式	
导纱距离/mm		滚筒直径/mm		卷绕结构变化形式	
络筒速度					
滚筒一转导纱动程/mm		筒子转速/（$r·min^{-1}$）		卷绕角/（°）	
圆周速度V_1/（$m·min^{-1}$）		导丝速度V_2/（$m·min^{-1}$）		络丝速度V/（$m·min^{-1}$）	
防叠小数					
导丝器往复运动频率/（次·min^{-1}）		卷绕比i		防叠小数a	
络筒张力测试					
张力垫圈质量/g					
张力测试次数/次					
平均络筒张力/cN					
分析和讨论：					

注 要求列出原始数据和计算过程。

实验3 络筒质量检验

一、实验目的与内容

（1）了解络筒工序的质量检验项目。

（2）认识病疵筒子及其产生原因。

（3）熟悉筒子质量检验方法。

（4）熟悉筒子卷绕密度的测试方法。

二、实验设备与工具

电子秤、直尺、软尺。

三、相关知识

1. 络筒机的产量

络筒机的产量是指单位时间内络筒机卷绕纱线的重量。机器的产量分为理论产量和实际产量两种，理论产量是指单位时间内机器的连续生产量。但是，生产过程中机器会反复停顿，譬如接头、落纱、工人的自然需要等。于是就引出了机器的时间效率K。单位时间内机器实际产量等于理论产量和时间效率的乘积。

络筒机理论产量G'。

$$G'=\frac{6v\cdot \mathrm{Tt}}{10^5}$$

式中：G'——理论产量，kg/（锭·h）；

v——络筒速度，m/min；

Tt——纱线线密度，tex。

由于天然长丝和化学纤维长丝的细度原以旦尼尔（旦）为单位，若计算旦尼尔制络筒机理论产量，其计算公式要做相应换算。

络筒的实际产量G：

$$G=K\cdot G'$$

时间效率K取决于原料的质量、机器运转状况、劳动组织的合理性、工人的技术熟练程度、卷装容量大小以及操作的自动化程度等因素。

2. 筒子卷绕密度

筒子卷绕密度是指筒子单位体积内的纱线质量。不同的纤维原料、不同线密度、不同用途的筒子应有不同的密度。纯棉纱圆锥筒子卷绕密度的经验控制标准见表3-1。

表3-1 筒子卷绕密度的经验控制标准

纱线线密度/tex	卷绕密度/（$g\cdot cm^{-3}$）	纱线线密度/tex	卷绕密度/（$g\cdot cm^{-3}$）
31～42	0.35～0.4	13～19	0.45～0.5
20～30	0.4～0.45	13以下	0.5～0.55

筒子卷绕密度的计算公式如下。

$$\gamma=\frac{G}{V}$$

式中：γ——筒子卷绕密度，g/cm^3；

G——绕纱质量，g；

V——绕纱体积，cm^3。

四、任务实施

1. 筒子卷绕密度

筒子卷绕密度的测定步骤。

（1）确定筒子卷绕的形状。

（2）用钢板尺测试如图3-1所示的各项几何数据。

（3）用天平称出筒子的质量（g）。

（4）根据下述公式计算筒子的卷绕体积（cm^3）。

①圆锥形筒子的卷绕体积公式。

$$V=\frac{\pi}{12}(D_1^2+D_2^2+D_1D_2)\times H+\frac{\pi}{12}(d_2^2+D_2^2+d_2D_2)\times h-\frac{\pi}{12}(d_2^2+d_1^2+d_2d_1)\times(H+h)$$

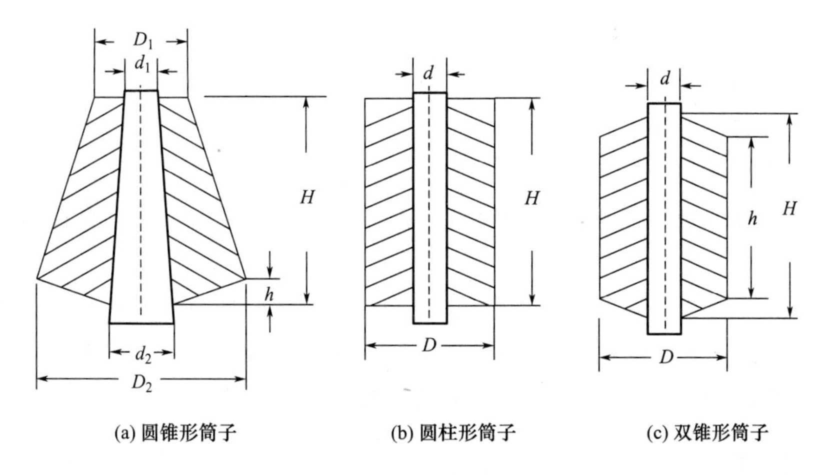

(a) 圆锥形筒子　(b) 圆柱形筒子　(c) 双锥形筒子

图3-1　筒子卷绕形状几何参数

式中：V——圆锥形筒子的绕纱体积，cm^3；

D_2——筒子大端直径，cm；

D_1——筒子小端直径，cm；

d_2——圆锥形筒子筒管大端的直径，cm；

d_1——圆锥形筒子筒管小端的直径，cm；

H——筒子绕纱高度，cm；

h——筒纱绕纱锥体底部的高度，cm。

②圆柱形筒子的卷绕体积公式。

$$V=\frac{\pi}{4}(D^2-d^2)\times H$$

式中：V——圆柱形筒子的绕纱体积，cm^3；

D——筒子直径，cm；

d——圆柱形筒子筒管直径，cm；

H——筒子绕纱高度，cm。

③双锥形筒子的卷绕体积公式。

$$V=\frac{\pi}{12}(D^2H+DdH+2D^2h-2d^2H-d^2h-Ddh)$$

式中：V——双锥形筒子的绕纱体积，cm^3；

D——筒子直径，cm；

d——双锥形筒子筒管直径，cm；

H——筒子绕纱最大动程，cm；

h——筒子绕纱最小动程，cm。

（5）根据下述公式计算筒子的卷绕密度γ（g/cm^3）。

$$\gamma=\frac{G}{V}$$

式中：γ——筒子卷绕密度，g/cm^3；

G——绕纱质量，g；

V——筒子体积，cm^3。

2. **络筒产量计算**

（1）计算绕纱质量。先称量空筒质量，再称量络筒后筒子质量，两者相减得到绕纱质量。

（2）计算绕纱长度。根据特克斯定义，已知绕纱重量和纱线线密度，推算出绕纱丝长。

（3）计算络筒理论产量和实际产量。已知络筒时间、络筒速度、绕纱质量，根据公式得到络筒理论产量和实际产量，然后求得络筒效率。

五、数据与分析

1. **卷绕筒子体积公式推导**

（1）圆锥形筒子。

（2）圆柱形筒子。

（3）双锥形筒子。

2. **络筒工艺参数（表 3–2）**

表3–2 络筒工艺参数设计

络筒机型号		络筒卷绕模式		筒子形状	
筒管质量/g		卷绕时间/min		纱线品种	

3. **络筒产量计算（表 3–3）**

表3–3 络筒产量计算

筒子质量/g		绕纱质量/g		绕纱体积/cm^3	
筒子卷绕密度/（g·cm^{-3}）		纱线线密度/tex		绕纱长度/m	
理论产量/（kg·h^{-1}）		实际产量/（kg·h^{-1}）		络筒效率/%	
分析和讨论	筒子卷绕密度是否符合经验控制标准？				

注 要求列出原始数据和计算过程。

实验4　并丝网络工艺设计

一、实验目的与内容

（1）了解并丝网络设备的结构和主要部件的作用。

（2）了解并丝网络设备的工作原理和工艺流程。

（3）了解并丝网络的原理。

二、实验设备与工具

AGEN–983型高速拼网复合丝机、167dtexDTY、机械式张力仪、气压表、量角器、非接触式转速表。

三、相关知识

1. 高速拼网复合丝机的结构与用途

AGEN–983型高速拼网复合丝机（图4–1）由机头控制箱、机身、气泵组成。机头控制箱1是一个动力控制装置，设有电动机、皮带和开关等。机身由机架部件、卷绕部件、网络部件、张力器部件等组成。卷绕部件主要是由筒锭握臂3、槽筒4、导纱器5、轴承等零件组成。网络部件主要由气阀、压缩空气管7、喷气座、网络器6组成。张力器部件主要由圆盘式张力器8、气圈破裂器、导纱钩9等组成。

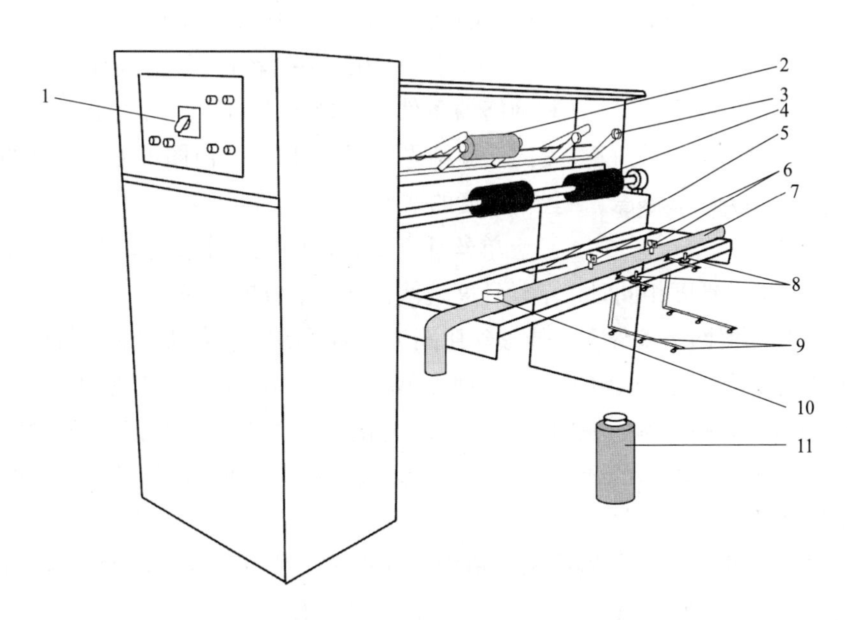

图4–1　AGEN–983型高速拼网复合丝机结构示意图
1—控制机箱　2—30cm筒管　3—筒锭握臂　4—槽筒　5—导纱器　6—网络器
7—压缩空气管　8—张力器　9—导纱钩　10—气压表　11—原纱筒

AGEN-983型高速拼网复合丝机可以采用网络并丝工艺，用空气网络的方法将两根或两根以上的单纱并合成股线。通过网络并丝可以满足品种设计对原料细度规格的要求，增加织物质量；在拉伸变形时不易产生毛丝、断头和松圈丝等；同时能提高纱线的强力，提高纱线的可织性。

2. 并丝网络工艺设计

网络丝网络间距的大小和单位长度内的网络结点数（网络度）取决于喷射气流的强弱（压缩空气压力），合纤长丝的质量（细度和密度），行走丝条的张力、速度以及两端的夹持点距离（即网络器丝道孔长度和丝条进出网络器的转向角）等。这些工艺条件是决定网络丝网络度和网络牢度的主要因素。

（1）压缩空气压力。压缩空气压力对网络丝的影响甚大，它除了决定网络丝网络结点的牢度之外，还影响网络度。在压缩空气压力较低的范围内，随压力的增加，网络丝的网络度迅速增加；而当压缩空气压力在0.35MPa以上时，网络度的增加逐渐缓慢，直至不再增加。这是由于当压力刚增加时，喷射气流对丝条的撞击力增加，丝道内的流体紊流加剧，从而使丝条产生的高频振动频率增加，丝条网络度随之增加，且网络结点的牢度高、不易松散；但压力增加到一定值后，丝条的高频振动频率接近临界值，因而网络度的增加逐渐缓慢，直到达到平衡值。

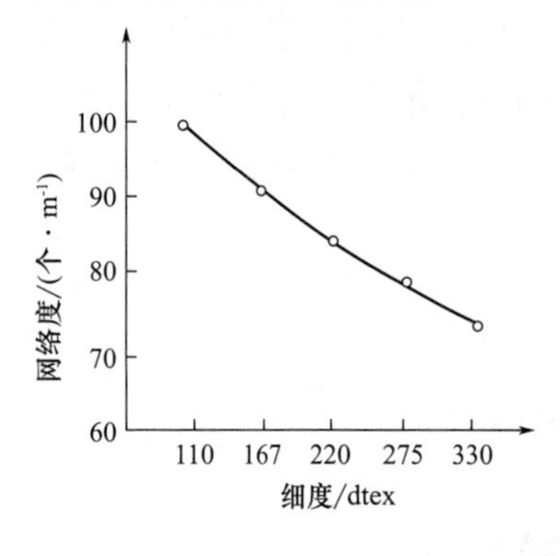

图4-2 相同条件下丝线细度与网络度的关系

（2）加工速度。在丝条的网络过程内，网络度随网络加工速度的提高而降低。这是由于丝条速度提高，而网络器中恒定气体紊流却不引起丝条振动频率发生变化，单位时间内对丝条产生的网络度一定，从而使丝条单位长度上的网络点减少，网络度降低。

（3）长丝细度和单丝纤度。在同样的压缩空气压力和网络器条件下，加工不同纤度的丝条，获得不同网络度的实验结果如图4-2所示。由图可见，丝条的网络度随丝条纤度的增加而下降。

单丝纤度低，丝的抗弯刚度低，有利于丝条的开松和缠结，故当丝的总纤度相同时，单丝纤度越低，其网络效果越好。

此外，在相同的网络条件下，异形丝比圆形截面丝的网络度高。如八角形和三叶形等异形丝的抗弯刚度低，且空气阻力大，有利于单丝间的缠结，网络效果增加。

（4）丝条张力和超喂率。在网络过程中，丝条的张力越高，在高频气流冲击下，丝条产生的弦振动越小，即丝条的开松和丝的旋转程度下降，从而使网络丝的网络度下降，这在高速加工网络丝时尤为突出。

但丝条张力过低，丝条在网络器丝道中易偏离中心位置而位于丝道的气流死角区域，其丝条不易被吹开，致使丝条网络不均匀，大段丝条没有网络点。

实验证明，低弹丝网络加工中张力控制在0.04～0.09cN/dtex为宜。

一般用不同丝道横截面积大小的网络器来调节超喂率，从而得到合适的丝条张力。当超喂率增加时，丝条的张力降低，单位长度的丝条被网络的概率减小，网络度下降。

（5）丝条进出网络器的角度。网络器插入压缩空气管内，可任意转动，随着网络器的旋转，丝条进出网络器的角度发生变化。图4-3（a）是随丝条进出网络器的角度与网络度的关系。由图可见，当α为40°～70°时，网络度的变化较小，故为了保持生产的稳定，生产上常在此范围内选择α角。α角的存在，保证了丝条在网络时有两个振动支点，如图4-3（b）所示。当丝条受到气流振动时，两支点之间的丝条便产生弦振动，这种弦振动是丝条网络的唯一动力。试验表明：α角为零时，丝条不接触网络器两端，网络效果极差。而当α角大于70°时，由于丝条的张力骤增，弦振动受阻，也影响网络效果。同时，由于丝条与网络器两端接触摩擦过大，也易擦伤丝条。

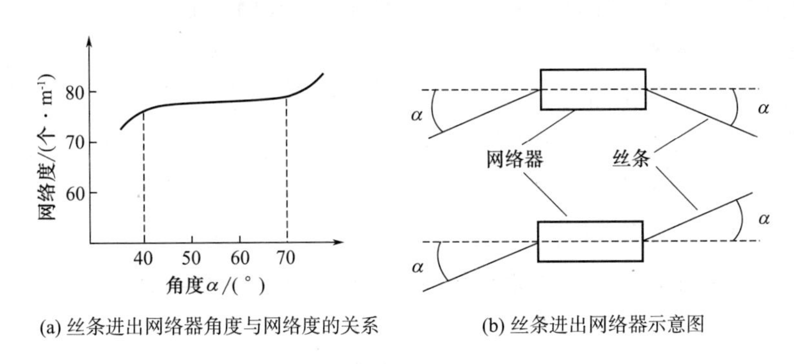

(a) 丝条进出网络器角度与网络度的关系　(b) 丝条进出网络器示意图

图4-3　丝条进出网络器角度与网络度的关系

四、任务实施

视频 4-1

实操见视频4-1。

1. **准备工作**（图4-4）

（1）检查原纱与所络品种是否相符。在AGEN-983型高速拼网复合丝机机架上选择一个锭位，将原纱筒放置在导纱平台下方。

（2）取一只长度为30cm的筒管，搬开筒锭握臂，将筒管插入锭座，合拢筒锭握臂，使筒管安插在锭座上，注意筒管平底的一面朝左。

（3）安装网络器。按压装在压缩气体气管上的输气口阀门，使阀门通道口开清；取一个网络器，观察网络器的安装方向和型号，网络器的安装方向代

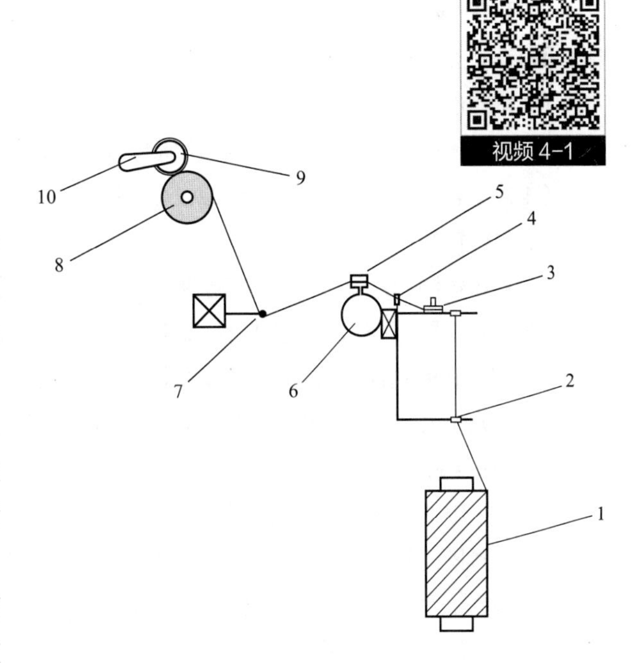

图4-4　纱线穿纱准备示意图

1—原纱筒　2—气圈破裂器　3—张力装置　4—清纱器　5—网络器　6—压缩气管　7—导丝器　8—槽筒　9—30cm筒管　10—筒锭握臂

表纱线穿过网络器的进纱口、出纱口方向，网络器的型号代表网络器丝道横截面积的大小；将网络器上的压缩空气接管对准输气口阀门通道口，插入至底部；松开气阀门，使阀门锁住网络器。

（4）纱线从原纱筒上退绕下来，经过导纱平台上的气圈破裂器后，通过圆盘式张力装置，穿过清纱器和网络器，再经过导丝器，把丝头固定在筒管上，并把筒管向预转动方向转1～2圈，测试纱线退绕张力。

（5）松开筒锭握臂后端的固定杆，筒管放下，向槽筒表面压紧筒管。

（6）并丝。将两筒或以上的原纱筒放置在导纱平台下方，把每筒原纱的丝头引出，分别穿过导纱平台上的各个气圈破裂器，然后汇集丝头一起穿过导纱圈和圆盘式张力装置，穿过清纱器和网络器，再经过导丝器，把并丝丝头固定在筒管上。

2. 气压、张力调整

（1）打开气泵，打开压缩空气管道阀门，管道内充满气体，并向网络器喷射气体。

（2）调整安装在压缩空气管道上的阀门开关大小，使管道内的气压改变。

（3）观察安装在压缩空气管道上的气压表，并不断调整压缩空气管道的阀门开关，使气压表上的读数稳定在所需气压值左右。

（4）水平转动网络器，调整丝条进出网络器的角度，一般丝条进出与网络器的夹角在40°～70°为宜。

（5）调整圆盘式张力装置的垫圈数量，以调节丝条张力。

3. 开机操作

（1）在高速拼网复合丝机控制箱上打开总电源，电源指示灯亮起。按绿色“运转”按钮，开启设备，槽筒开始运转，整机投入运行开始网络并丝。

（2）断丝时可按红色“停止”按钮，设备将停止运转，接好头再次启动设备。

（3）丝条张力不足时，可增加垫圈数量，使络筒张力增加。

（4）注意操作安全，不要触碰设备部件，不要干扰丝条退绕卷绕。

4. 停车要点

（1）并丝网络结束时，先按控制箱上的红色“停止”按钮，设备停止运转。

（2）关闭压缩空气管道阀门，管道内的压缩气体慢慢消耗完全。

（3）向上抬起筒锭握臂，扳开筒锭握臂，从锭座上取出卷绕好的筒子。

（4）关闭气泵，关闭高速拼网复合丝机控制箱上的总电源，实验完成。

5. 并丝网络工艺测量

（1）使用非接触式转速表测量槽筒转速。

（2）测量筒管、槽筒的直径和槽筒一转的平均导纱动程。在测量槽筒一转导纱动程时，可先在槽筒导纱槽上取一点做好标记，用辅助工具定点，手动推动槽筒一周，再用辅助工具定点转动后的标记，然后测量两定点间的动程距离。

（3）测量导纱距离，即纱筒入纱点到槽筒出纱点之间的切点距离。

（4）丝条张力测量实验步骤。在天平上称量张力垫圈；按要求在并丝网络机上穿好线；

在圆盘式张力器上按要求夹入纱线；启动络筒机；放置单纱张力仪于张力装置与槽筒导纱点之间；注意在络筒过程中，丝条张力始终是一个波动值，因此，在读取张力仪数值时，读出指针摆动区的中点数值，即为检测时段内张力的平均值。

（5）用游标卡尺测量出网络器的丝道横截面直径、压缩空气喷射孔横截面直径、丝道长度；用量角器测量出丝条进出网络器的角度。

（6）从压力表上读出气压值（MPa）。

五、数据与分析

1. 网络原料（表4-1）

表4-1　网络原料品种

原料品种		线密度/tex		f数		并丝筒子数量	

2. 并丝网络工艺设计（表4-2）

表4-2　并丝网络工艺设计

设备工艺参数					
并丝网络机型号		筒管直径/cm		筒子卷绕形式	
压缩空气气压/MPa		导纱距离/cm		卷绕结构变化形式	
络丝速度参数					
槽筒一转平均导丝动程/cm		槽筒直径/m		筒子转速/（r·min^{-1}）	
圆周速度v_1/（m·min^{-1}）		导丝速度v_2/（m·min^{-1}）		络丝速度v/（m·min^{-1}）	
网络器参数					
网络器型号		网络器丝道横截面面积/mm^2		丝道长度/mm	
压缩空气喷射孔横截面面积/mm^2		丝条进出网络器角度α/（°）		卷绕角/（°）	
络筒张力测试					
张力垫圈质量/g		测量次数		平均络筒张力/（cN·dtex^{-1}）	
纱筒工艺参数					
筒子质量/g		绕纱质量/g		绕纱体积/cm^3	
络筒丝长/m		卷绕密度/（g·cm^{-3}）		络筒效率/%	
分析和讨论：					

注　要求列出原始数据和计算过程。

实验5　网络丝质量检验

一、实验目的与内容

（1）了解网络工序的质量检验项目。

（2）了解影响网络丝网络度的因素。

（3）熟悉网络度质量检验方法。

二、实验设备与工具

电子单纱强力仪、直尺。

三、相关知识

1. 网络度

网络度是指每米网络丝能承受一定负荷的网络节个数（个/m），它是影响网络丝及其织物性能的主要指标。网络度越高，越不易起毛刺，也利于网络丝的后加工；但网络度越高，其网络丝及织物的强力就越低，同时，对织物的手感和外观也产生影响。网络加工工艺，如空气压力、加工速度、超喂率（张力）等又影响网络度的大小。因此，在实际生产中，如何正确选择网络度和网络工艺非常重要，尤其是网络丝用于某些对织物强力要求较高的产业用纺织品时更要引起设计工作者的注意。对于机织用网络丝，一般控制网络度为60～100个/m，最好为80～90个/m。

目前，测定网络度采用的标准是FZ/T 50001—2016《合成纤维　长丝网络度试验方法》，合成纤维长丝网络度的测定一般采用三种方法：手工移针法、手工重锤法、仪器移针法。其中，手工移针法主要适用于牵伸丝；手工重锤法主要适用于变形网络丝；仪器移针法适用于牵伸丝和变形网络丝。

手工移针法测试原理是，将加有规定解脱力负荷中的针钩在规定长度的丝条中缓缓移动，每遇到网络结时，针钩即停止移动，以此计数网络结数。手工重锤法又称目测法，其原理是，沿丝条铅直方向施加规定的重负荷，在规定的时间释放后，目测计数规定长度内的网络结数。仪器移针法的测定原理和手工移针法相同，利用仪器自动移动分丝针，自动计数网络结数。

2. 网络稳定性

网络稳定性（网络解消率，%）是指网络丝受到外力后，网络部分不解体的能力，它是反映网络丝质量的重要指标。例如，织造时如果网络稳定性太强，织造完毕后，布面上残留络结太多，影响布面质量；反之，如果网络稳定性太差，织造还没完成，络结就已解体，引起长丝断头，使织造无法进行，因此，织造时希望有适当的交络强度。

网络稳定性一般有静负荷测定法和动态负荷测定法。其测试原理是：对网络度为E的网络丝施加动态或静态的张力，然后测定受力后网络丝上的残留网络度G，则网络稳定性（网络解消率）的计算公式是：

$$网络解消率=\left(1-\frac{G}{E}\right)\times 100\%$$

式中：E——未加负荷前的网络度；

G——加负荷后的网络度。

3. **网络丝的力学性能**

涤纶长丝经网络加工后，其力学性能一般发生如下变化。

（1）强力、拉伸性能略有下降。

（2）条干不匀率的平均值不变，但各批网络丝之间的波动值减小。

（3）网络长丝具有较好的抱合性、平滑性等。

（4）染色均匀性稍有提高。

（5）毛丝和绕辊率明显下降。

经不同工艺的网络变形加工后，网络丝的强力均低于原丝的强力，即网络变形加工可使网络丝强力在一定范围内降低，一般来说，网络度越高，强力越低。从网络丝的结构进行分析，网络丝结构由三部分构成，头尾部是长丝中单纤维松散、旋转，进而扭（抱）合成的假捻点——网络节；中间部是网络节之间长丝间隔部分。即一束长丝被分成三股，这三股像编辫子似的进行编结。从外观上看，网络丝是由间隔且呈规律状的开松段和紧密段组成。开松段内的单丝膨松而不相互纠缠。紧密段单丝之间相互纠缠从而形成网络节。这样结构的网络丝在承受拉伸时因各单丝间变形不一，产生的应力应变不同，变形大的应力大，且先断裂；变形小的应力也小，后断裂，从而增加了各单丝断裂的不同时性，使得网络丝的强力低于原丝的强力。网络度越高，一束丝中单丝间相互交缠程度越高，变形越大，断裂不同时性越大，强力也就越低。

目前，测量网络丝强力拉伸性能采用的标准是GB/T 3916—2013《纺织品　卷装纱单根纱线断裂强力和断裂伸长率的测定（CRE法）》，可以得到网络丝的断裂强力（cN）、断裂伸长率（%）、断裂强度（cN/tex）、断裂强力变异系数、断裂伸长率变异系数等。

四、任务实施

1. **网络度测定**

介绍手工重锤法（目测法）。

（1）试样准备。取同一卷装的网络丝筒子的两段以上试样，每段试样长度为1m。试样先进行预调湿，然后在温度为（20±2）℃，相对湿度为（65±3）%的环境下进行试验。

（2）装置和工具。立式量尺：量程为1m，最小分度值为1mm，并附有夹持器；重负荷：重负荷张力夹；预加张力夹；剪刀、镊子、秒表等。

（3）预加张力和解脱张力重负荷计算。

①试样的预加张力按下式计算。

$$F=P\times \mathrm{Tt}$$

式中：F——预加张力负荷，cN；

P——预加张力，cN/dtex；

Tt——试样的名义线密度，dtex。

其中，牵伸丝、预取向丝的标准预加张力为：（0.05±0.005）cN/dtex；

变形丝的标准预加张力为：（0.10±0.01）cN/dtex；

高弹变形丝的标准预加张力为：（0.20±0.02）cN/dtex。

②解脱张力重负荷按下式计算。

$$F_s=P_s\times \mathrm{Tt}$$

式中：F_s——重负荷，cN；

P_s——重负荷张力，cN/dtex；

Tt——试样的名义线密度，dtex。

变形网络丝的重负荷张力为：1.0cN/dtex。

（4）实验步骤。

①将卷装丝的丝头引出，拉去表层可能受损的丝。

②取出大于1.2m的试样，上端夹入立式量尺上的夹持器中，下端加规定的预加张力负荷，30s以后，任取两点标记，其间距为1m。

③去掉张力夹，在丝条下端加规定的重负荷，30s后去掉重负荷，将试样取下放在黑板上目测标记间网络结数并记录。

④重复上述试验，直到规定的试验次数。

2. 网络稳定性

（1）试样准备。取同一卷装的网络丝筒子的两段以上试样，每段试样长度为1m。试样先进行预调湿，然后在温度为（20±2）℃，相对湿度为（65±3）%的环境下进行试验。

（2）装置和工具。立式量尺：量程为1m，最小分度值为1mm，并附有夹持器；解脱力负荷：由一对质量相同的重锤和一个直径为0.6mm的不锈钢针钩累加配套而成；静负荷重锤；预加张力夹；剪刀、镊子、秒表等。

（3）预加张力、解脱张力负荷和静负荷重锤张力计算。

①试样的预加张力计算。

$$F=P\times \mathrm{Tt}$$

式中：F——预加张力负荷，cN；

P——预加张力，cN/dtex；

Tt——试样的名义线密度，dtex。

牵伸丝、预取向丝的标准预加张力为：（0.05±0.005）cN/dtex；

变形丝的标准预加张力为：（0.10±0.01）cN/dtex；

高弹变形丝的标准预加张力为：（0.20±0.02）cN/dtex。

②解脱张力负荷计算。

$$F_j=P_j\times \mathrm{Tt}$$

式中：F_j——解脱力负荷，cN；

P_j——解脱张力，cN/dtex；

Tt——试样的名义线密度，dtex。

其中，牵伸丝、预取向丝的解脱张力为：（0.20±0.02）cN/dtex；

变形网络丝的解脱张力为：（0.30±0.03）cN/dtex。

牵伸丝的解脱力负荷最低不小于10cN，最大不超过40cN。变形网络丝的解脱力负荷最大不超过70cN。

③静负荷重锤张力计算。

$$F_z=P_z\times Tt$$

式中：F_z——重锤静负荷，cN；

P_z——重锤张力，cN/dtex；

Tt——试样的名义线密度，dtex。

变形网络丝的重锤张力为：（2.0±0.2）cN/dtex。

（4）实验步骤。

①将卷装丝的丝头引出，拉去表层可能受损的丝。

②取出大于1.2m的试样，上端夹入立式量尺上的夹持器中，下端加上静负荷重锤，1min以后，移去静负荷重锤。

③下端加规定的预加张力负荷，30s以后，任取两点标记，其间距为1m。

④将试样放在黑板上目测标记间网络结数并记录。

⑤重复上述试验，直到规定的试验次数。

⑥求出平均值，按网络解消率公式得到网络稳定性。

3. 网络丝拉伸强力测试

测试操作见视频5-1。

（1）试样准备。试样均匀地从10个卷装中抽取，短纤维纱线的试样数量应最少取50根，其他种类纱线应最少取20根。试样先进行预调湿，然后在温度为（20±2）℃，相对湿度为（65±3）%的环境下进行试验。

（2）装置和工具。HD021E型电子单纱强力仪（图5-1）、摇纱机、打印机等。

（3）拉伸速度和预加张力设定。HD021E型电子单纱强力仪采用等速伸长的方式测定强力。隔距长度为500mm，则采用500mm/min的拉伸速度；隔距长度为250mm，则采用250mm/min的拉伸速度。

在试样夹入夹持器时施加预张力，调湿试样为（0.5±0.1）cN/tex。对于变形纱，要施加既能消除纱线卷曲又能避免其产生伸长的预张力。推荐采用下列预张力，根据纱线的名义线密度计算。

试样的预加张力负荷按下式计算。

$$F=P\times Tt$$

式中：F——预加张力负荷，cN；

P——预加张力，cN/dtex；

Tt——试样的名义线密度，dtex。

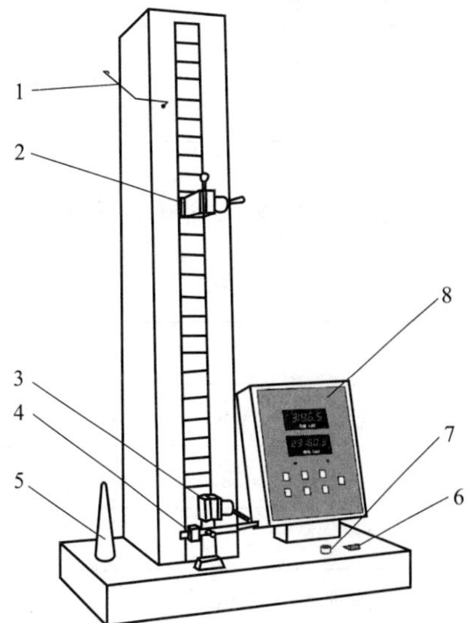

图5-1 HD021E型电子单纱强力仪
1—导纱钩 2—上夹持器 3—下夹持器 4—张力夹持器 5—试样插座 6—电源开关 7—拉伸按键 8—控制盒显示器

聚酯纤维和聚酰胺纤维纱预加张力为：（2.0 ± 0.2）cN/tex；

二醋酯纤维、三醋酯纤维和黏胶纤维纱预加张力为：（1.0 ± 0.1）cN/tex；

双收缩和喷气膨体纱预加张力为：（0.5 ± 0.05）cN/tex，线密度超过50tex的地毯纱除外。

（4）实验步骤。

①按常规方法从卷装上退绕纱线。

②在夹持试样前，检查钳口使之准确地对正和平行，以保证施加的力不产生角度偏移。

③夹紧试样，确保试样固定在夹持器内，在试样夹入夹持器时施加预张力。

④按红色启动按钮，电子单纱强力仪开始拉伸试验。

⑤记录断裂强力和断裂伸长率值。

⑥重复试验步骤①~⑤，直到规定的试验次数。

⑦在试验过程中，检查试样在钳口之间的滑移不能超过2mm，如果多次出现滑移现象应更换夹持器或者钳口衬垫。舍弃出现滑移时的试验数据，并且舍弃纱线断裂点在距钳口5mm及以内的试验数据，但需记录舍弃数据的试样个数。

五、数据与分析

1. 原料和实验条件（表5-1）

表5-1 原料和实验条件

网络丝线密度/tex		实验环境温度/℃		实验环境湿度/%		络筒张力/cN	
网络器丝道横截面积/mm^2		纱线f数		压缩空气气压/MPa		络筒速度/（$m \cdot min^{-1}$）	

2. 网络度、网络稳定性（表5-2）

表5-2 网络度和网络稳定性测定

<table>
<tr><td colspan="4">网络度测定（手工重锤法）</td></tr>
<tr><td>预加张力/（$cN \cdot dtex^{-1}$）</td><td></td><td>预加张力负荷/cN</td><td></td></tr>
<tr><td>实验次数/次</td><td></td><td>平均网络度/（个·m^{-1}）</td><td></td></tr>
<tr><td colspan="4">网络稳定性测定</td></tr>
<tr><td>重负荷张力/（$cN \cdot dtex^{-1}$）</td><td></td><td>重负荷/cN</td><td></td></tr>
<tr><td>实验次数/次</td><td></td><td>平均网络度/（个·m^{-1}）</td><td></td></tr>
<tr><td>网络解消率/%</td><td colspan="3"></td></tr>
</table>

注 要求列出原始数据和计算过程。试验结果计算到两位小数，修约到一位小数。

3. **网络丝拉伸强力和耐磨性（表5-3）**

表5-3 网络丝拉伸强力和耐磨测定

拉伸强力测试			
单纱强力仪型号		预加张力/cN	
隔距/mm		拉伸速度/（$m\cdot min^{-1}$）	
耐磨测试			
耐磨仪型号		预加张力/g	
测试结果			
	平均断裂强力/cN	平均断裂伸长率/%	耐磨仪平均摩擦次数
原纱			
网络丝			
分析和讨论	原纱经网络工艺后拉伸强力、耐磨性的变化		

注 要求列出原始数据和计算过程。断裂强力平均值计算结果保留两位有效数字，断裂伸长率平均值计算结果保留两位有效数字。

4. **网络性能横向比较（表5-4）**

表5-4 网络性能横向比较

压缩气压/MPa	络筒速度/（$m\cdot min^{-1}$）	网络器丝道横截面积/mm^2	网络度/（个$\cdot m^{-1}$）	网络解消率/%	平均断裂强力/cN	平均断裂伸长率/%	耐磨仪平均摩擦次数
分析和讨论	压缩气压、网络器丝道横截面积对网络丝成品性能的影响						

实验6 加捻工艺设计

一、实验目的与内容

（1）了解倍捻机的工作原理和长丝加捻工艺流程。

（2）了解倍捻机的结构和主要部件的作用。

（3）掌握倍捻机加捻的操作步骤。

二、实验设备与工具

WL310G型化学纤维倍捻机、机械式张力仪。

三、相关知识

1. 倍捻机结构与用途

WL310G型化学纤维倍捻机由传动部件、锭子部件、卷绕部件组成，如图6–1所示。传动部件用于设备动力输送和加捻工艺参数调整，由电动机箱1、龙带3、齿轮、起喂罗拉链条等组成。锭子部件是丝线加捻的主要区域，由锭子5、锭脚4、磁钢圈、锭罩、张力装置等组成。卷绕部件用于将加捻好的丝线卷绕到有边筒子上，由气圈导丝器10、过丝滚轮11、导丝器14、筒管夹头9、超喂罗拉8、摩擦滚筒12等组成。

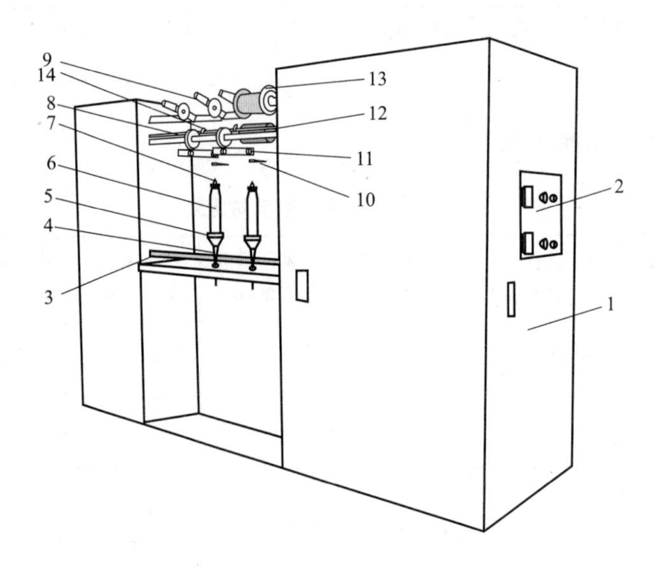

图6–1 WL310G型化学纤维倍捻机结构示意图
1—电动机箱 2—控制器 3—龙带 4—锭脚 5—锭子 6—双锥形纱筒
7—锭罩 8—超喂罗拉 9—筒管夹头 10—气圈导丝器 11—过丝滚轮
12—摩擦滚筒 13—有边筒子 14—导丝器

锭子部件是倍捻机的心脏，倍捻机锭子如图6–2所示，主要由三部分组成：锭子的张力装置、静止部分和转动部分。

WL310G型化学纤维倍捻机使用直径为85mm的圆锥形锭子、锭速为8000～13000r/min、采用多段式张力珠的张力装置。该倍捻机可以加捻3.3（30旦）～33.3tex（300旦）的化学纤维丝，加捻捻向可以是S捻或Z捻，捻度范围是350～3989捻/m（T/m），加捻卷绕角范围是2°51′（11.7次/单程）～6°42′（5.0次/单程），加捻丝最后以平行卷绕的方式卷绕到有边筒子上，卷绕容量为500～550g。

2. 加捻工艺设计

（1）锭速和卷绕线速度。倍捻机常用锭速为8000～13000r/min，但锭速受到加捻丝原料的物理性能、织物的力学性能等制约。锭子转速越高，气圈的离心力越大，相应的气圈张力也随之增加，如果张力超过其允许值，将会引起毛丝和断头等问题。所以，锭速受到丝线特性和所加捻度的限制，最高允许锭子转速（r/min）根据下式计算。

$$锭速（r/min）=\frac{1}{2}捻度（T/m）\times线速度（m/min）$$

另外，不同锭速加捻而成的丝线对最终织成的织物手感也有影响。

WL310G型化学纤维倍捻机的锭速由皮带轮直径控制调节，工艺设置见表6-1。

卷取线速度与锭速和捻度有关，其计算公式如下。

$$v=\frac{2n}{T_m}$$

式中：v——卷取线速度，m/min；

T_m——捻度，T/m；

n——锭速，r/min。

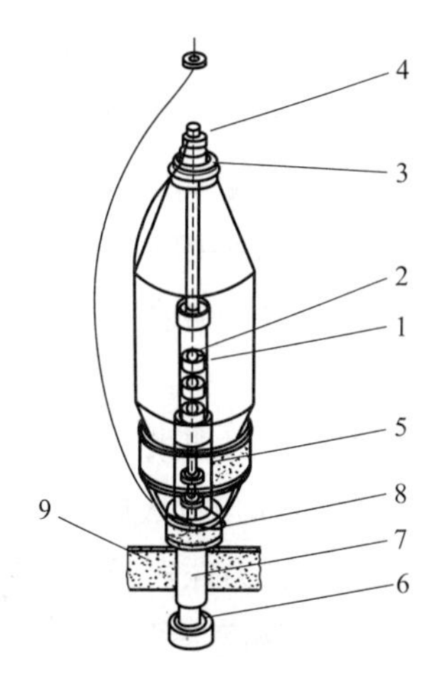

图6-2　锭子部件示意图
1—氧化铝座钢珠张力器　2—钢珠
3—衬垫环圈　4—锭罩　5—筒子座
6—锭杆　7—锭盘
8—储丝盘　9—龙带

表6-1　锭速与皮带轮直径对应关系

锭速/（$r\cdot min^{-1}$）	皮带轮直径/mm
8000	155
10000	192
11000	212
12000	231
13000	251

（2）气圈导丝器高度（气圈高度）。实际的气圈高度是指储丝盘上止口到气圈导丝器间的高度H。气圈高度H降低，气圈张力也就减小，但气圈高度H过低时，气圈丝就要碰到锭罩或退解筒子的上端。相反气圈高度H过高，气圈张力也增大，对线密度为3.33tex（30旦）等细度小的丝线加捻时，容易产生气圈不稳，碰到退解筒子下端等。

气圈的宽度随着丝线的细度、锭速、捻度的不同而改变，丝线细度变粗、锭速提高、捻度增加时，气圈的形状就变大。检查气圈形状可以用闪光测速仪检查，检查气圈形状好坏的标准是气圈丝不能碰着其他任何零部件，且尽可能地降低气圈高度。

气圈高度H可以通过调整气圈导丝器架的高度来获得，其标准值为273mm（用240mm筒管时）。

（3）张力器附加张力。倍捻张力主要由三部分组成：退解张力、捻丝张力和卷取张力，其中捻丝张力为主要部分。捻丝张力包括第一加捻区段张力和第二加捻区段张力。

第一加捻区段张力是丝线通过锭杆内张力珠张力器所获得的张力，对于不同细度和捻度的丝线，可以通过张力珠的数量和规格的选择进行调整，达到符合工艺要求的张力。

第二加捻区段张力是丝线与储丝盘的摩擦力和储丝盘随锭子高速回转时，丝线在离心力作用下形成气圈的张力。

张力器采用张力珠的办法，丝线从退解筒子引出后，从锭子顶端穿入空心锭杆，经锭杆内的张力珠张力器，与张力珠摩擦产生张力。张力珠可以分为ϕ3.97mm、ϕ6.35mm、ϕ7.14mm、ϕ7.94mm、ϕ9.53mm、ϕ11.1mm等规格。张力装置的附加张力增大，包围角就减小，相反，附加张力减小时，包围角就增大。张力装置使用状况见表6-2。

当包围角过大时，可以增大张力珠的直径或增加张力珠数量；相反，包围角过小时，可以减小张力珠直径和数量。影响张力装置附加张力的因素有如下几项。

①线速度。线速度加大，张力装置的附加张力减小。

表6-2　丝线线密度与张力珠对应关系

线密度/tex	锭速/（$r \cdot min^{-1}$）	张力珠种类/mm		
		ϕ7.94	ϕ9.53	ϕ11.1
8.33	10000	—		—
	13000	—		—
16.67	10000	—	—	
	13000	—	—	

②捻度。捻度增大，张力装置的附加张力就增大。

③锭速。锭速加快，张力装置的附加张力也增大。

④丝线的细度。细度变粗，张力装置的附加张力也增大。

⑤气圈高度。气圈高度升高，张力装置的附加张力也增大。

（4）包围角。从退解筒子退解的丝线通过锭杆内腔卷绕到储丝盘外圈后引到气圈导丝器处，由于空气阻力的作用，从旋转盘到气圈导丝器的丝线呈螺旋线上升。丝线缠绕在储丝盘上的角度称为包围角。张力装置所给的张力大小是否符合工艺要求，可以由丝线在储丝盘上的包围角进行检验。若张力装置给予丝线张力过大，会使丝线在储丝盘上的包围角过小，储丝量少，甚至储丝不能形成，气圈形状小，这样对于任何可能出现的张力波动无补偿能力，易引起断头。若张力装置给予丝线的张力过小，则会使丝线在储丝盘上的包角过大，甚至形成多于一圈的储丝（真丝倍捻），使气圈的形状过大，当丝线从导丝钩中引出时，使丝圈收紧，同样引起断头。

一般在倍捻机上，捻丝张力是恒定的，但必须做到包围角大于临界包围角。当包围角在临界包围角以上时，捻丝张力可以保持恒定；当包围角小于临界包围角时，随着退解张力的增大，气圈形状变小，气圈张力变大且不稳定，从而引起断头。通常倍捻机的张力装置必须调整到使丝线在储丝盘上的包围角符合下列要求：真丝倍捻的包围角为180°～270°，临界包围角以30°为宜；化学纤维倍捻选择180°～540°，临界包围角以45°为宜，以保证在退解筒子直径减小，退解张力逐渐增大时，通过丝线在储丝盘绕丝量的自动减小来实现加捻及卷绕张力的稳定。

储丝盘包围角大小的测定，可以用闪光测速仪观察得到。

（5）超喂率与卷绕张力。真丝倍捻时，当丝线从气圈导丝器引出，通过导丝器卷绕至有边筒子上，其卷取张力基本近似或稍大于捻丝张力。化学纤维倍捻时，由于丝线细度粗、锭速高，致使捻丝张力大，所以，一般设置超喂罗拉装置。在丝线卷绕到有边筒子前，通过超喂罗拉控制不同的超喂率来调节丝线张力，获得低而均匀的卷取张力，满足工艺要求。

标准安装的超喂率为130%。卷绕张力可以按0.01～0.02g/tex（0.1～0.2g/旦）设定（如果气圈张力增大，则卷绕张力也增大），卷绕张力的改变可以通过调整、使用下列部件来获得。

①使用衬垫，以改变超喂罗拉的啮合。

②调换链轮G，改变超喂率；超喂率与链轮G齿数关系见表6–3。

③调整张力架上导丝器的位置，改变丝线在超喂罗拉上的包围角。

表6–3　超喂率与链轮G齿数关系表

超喂率/%	链轮齿数
163	16
152	17
144	18
137	19
130	20
124	21
118	22

（6）捻度。捻丝是将单丝或股丝通过加捻而获得捻回的工序。加捻使丝线具有一定的外观效应且改变其力学性能。加捻的目的如下。

①增加丝线的强力和耐磨性能，减少起毛和断头，提高织物牢度或增加丝线染前的抱合力。

②使丝线具有一定的外形和花式，使织物获得折光、皱纹、毛圈、结子等外观效应。

③增加丝线的弹性，提高织物抗折皱能力、凉爽感等服用性能。

捻度按大小范围分有弱捻（1000T/m以下）、中捻（1000～2000T/m）、强捻（2000T/m以上）三种。

捻度的设定可以通过调换WL310G型化学纤维倍捻机车头箱内齿轮A、B、C、D来获得，如图6–3所示。

倍捻机的设定捻度为350～3989T/m，但实际的捻度还受到丝线的线速度和锭速的限制。由于捻缩率、卷绕角度等的不同，机上捻度与设定的捻度略有差异，因此，必须经过试捻，在捻度仪上检验机上捻度与所需捻度的误差，并加以修正。捻度与齿轮A、B、C、D的对应关系由下式求得：

$$捻度（T/m）=1156.2848\times\frac{b}{a}\times\frac{d}{a}$$

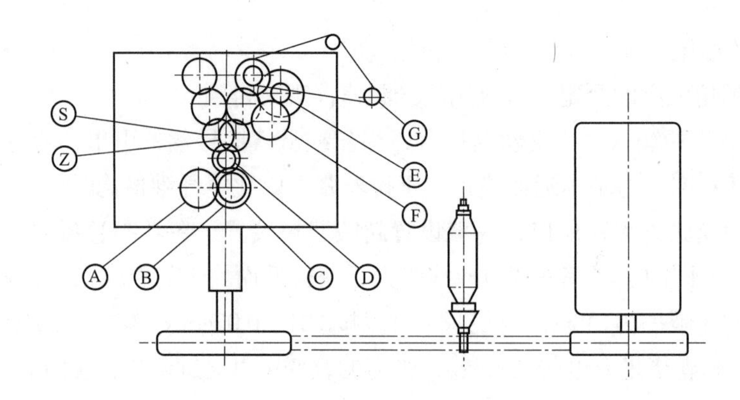

图6-3 化学纤维倍捻机齿轮排列

式中：a、b、c、d——齿轮A、B、C、D的号数。

常用的捻度与齿轮号数a、b、c、d的设定见表6-4。

表6-4 捻度与齿轮号数对应表（部分）

捻度/（$T\cdot m^{-1}$）	a	b	c	d	捻度/（$T\cdot m^{-1}$）	a	b	c	d
350	45	24	44	25	1701	43	33	24	46
501	44	26	45	33	1997	43	33	20	46
750	43	20	33	46	2502	24	30	25	43
900	43	24	33	46	2700	26	33	25	46
1001	26	33	44	30	3000	26	44	30	46
1300	45	33	30	46	3510	20	33	25	46
1500	45	33	26	46	3989	20	45	30	46

（7）卷绕角。卷绕角是指丝线在卷绕过程中，为了达到一定的卷绕宽度，通过导丝器横向摆动，保持丝线与筒管切线方向形成一定的夹角。卷绕角的大小决定了卷取过程中丝束在卷取面上停留的角度。它直接影响卷绕筒子卷取面和端面的形状，同时，影响卷绕筒子的卷绕密度。

卷绕角α计算公式如下。

$$\tan\alpha=\frac{h}{\pi d_k}$$

式中：d_k——筒子卷绕直径，cm；

h——卷绕一周导丝动程，cm；

α——螺旋线升角，即卷绕角。

卷绕角偏大，横动频率加快，即在卷绕同样圈数的情况下，丝线运行到卷绕筒子端面的次数增多，导致端面丝的厚度高于中部，使丝的卷曲面形成两边高、中间低，类似于马鞍的形状。当卷绕角偏小，丝线卷绕过程中拐点趋于平缓。当张力偏大时，易出现卷绕筒子宽度变窄的现象；当张力偏小时，易出现塌边现象。

一般的生产工艺中，卷绕角都在2°～8°选择，从理论分析和实际效果看，卷绕角的选择与卷绕筒子的宽度（动程）关系较大。一般情况下，卷绕筒子常用的动程为36～120mm，卷绕角的选取也从小到大。不同动程下的卷绕角选择范围见表6–5。

WL310G型化学纤维倍捻机上通过变换齿轮E、F，即可以设定卷绕角。标准配置的卷绕角为3°42′（9.0次/单程，意为导丝器横向摆动一次，卷绕筒子转过9圈）。卷绕角与齿轮E、F的号数e、f对应关系见表6–6。

表6–5　不同动程下的卷绕角选择范围

动程/mm	卷绕角范围/（°）
36	2.0～5.2
50	5.0～5.6
60～65	5.2～5.8
70～80	5.5～6.2
90～100	5.8～6.8
120	6.5～8.0

表6–6　卷绕角与齿轮E、F的号数的对应表

卷绕圈数/（次·单程$^{-1}$）	e	f	卷绕角度
11.7	20	50	2°51′
10.2	22	48	3°15′
9.0	24	46	3°42′
7.9	26	44	4°12′
7.0	28	42	4°44′
6.3	30	40	5°20′
5.6	32	38	5°58′
5.0	34	36	6°42′

（8）捻向。捻向是指纱线加捻后，单纱中的纤维或股线中单纱呈现的倾斜方向，分Z捻和S捻两种。加捻后，纱的捻向从右下角倾向左上角，倾斜方向与“S”的中部相一致的称S捻或顺手捻；纱线的捻向从左下角倾向右上角，倾斜方向与“Z”的中部相一致的称Z捻或反手捻。

Z捻纱在用细纱机纺纱时用右手接头，S捻纱用左手接头。普通人的右手往往比左手更灵活，为了便于培训工人，所以，一般单纱常采用Z捻。为了使股线的捻度稳定，抱合良好，股线加工时的捻向与原有纱线的捻度方向相反，如单纱、桑蚕丝为Z捻，则第一次并捻时往往加S捻；如无特殊要求，则第二次并捻加Z捻。对于棉型纱线织物纱卡类，Z捻配左斜纹，S捻配右斜纹，这样，斜纹线方向与捻向垂直，可使织物纹路更清晰。

在WL310G型化学纤维倍捻机上，调整车头箱内的S、Z换向齿轮的安装位置即可以改变捻向，同时，应切换车尾电气控制箱内的S、Z转换按钮。在加捻时，从上面往下看锭杆，锭杆顺时针回转是Z捻，逆时针回转则是S捻。

四、任务实施

实操见视频6-1。

视频6-1

1. **准备工作**

（1）检查原纱与所加捻品种是否相符，在DLG型电脑高速络丝机上络丝络成双锥形筒子，双锥形筒子规格$\phi100\text{mm}\times\phi42\text{mm}\times L240\sim270\text{mm}$。

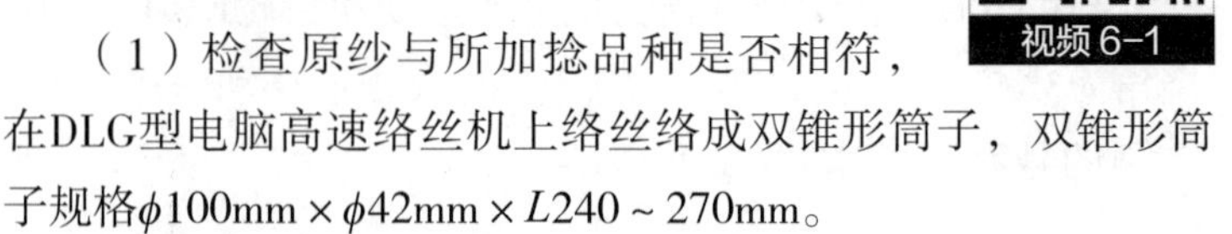

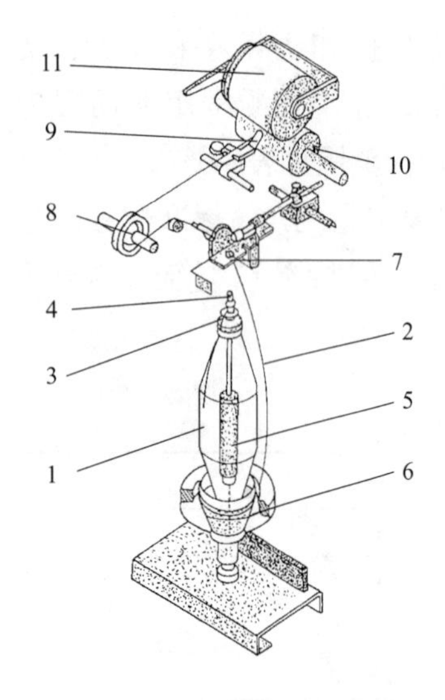

图6-4 倍捻机纱线穿纱准备
1—双锥形筒子 2—纱线 3—衬锭环圈
4—锭套 5—张力装置 6—储丝盘
7—气圈导丝器 8—超喂罗拉
9—往复式导丝器 10—滚筒
11—有边筒子

（2）取长度为270mm有边筒子一只，扳开卷绕机构上的筒锭握臂，将有边筒子插入锭座，合拢筒锭握臂，松开筒锭握臂后方的支撑架，使筒子与卷绕机构上的滚筒接触。

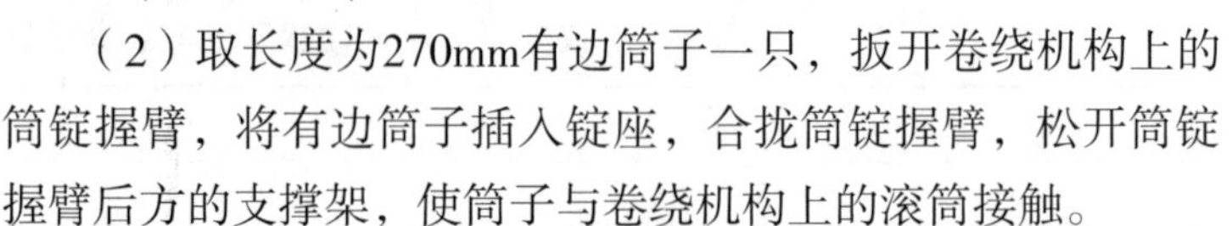

（3）根据张力设计把规定规格的张力珠装入锭套内的张力装置。

（4）将空心锭杆插入锭脚，把锭套套入双锥形筒子，然后套入空心锭杆。

（5）把纱线从双锥形筒子上退解下来，先穿过锭套上的衬锭环圈，然后从锭套顶端的导纱眼进入锭套内部的空心管，空心管内有张力珠张力装置，穿过张力装置从锭杆上的中央孔眼穿入，并从储丝盘的横向穿纱眼中穿出。丝线穿出储丝盘后穿过气圈导丝器，经超喂罗拉、往复式导丝器卷绕到滚筒上的有边筒子上，如图6-4所示。

2. **捻度设定**

捻度的设定可以通过调换WL310G型化学纤维倍捻机车头箱内齿轮A、B、C、D来获得。捻度与齿轮A、B、C、D的设定见表6-4。例如，设定捻度为1500T/m，则齿轮A、B、C、D号数分别为45、33、26、46。捻度与齿轮A、B、C、D的号数a、b、c、d的对应关系由下式求得。

$$\text{捻度（T/m）}=1156.2848\times\frac{b}{a}\times\frac{d}{c}$$

在调换捻度时，必须注意如下几个问题。

在安装变换齿轮前，应检查齿轮轴套内含油轴承的润滑情况；装上齿轮后，应检查齿轮A和B，C和D间的齿侧间隙，应调整为0.2～0.3mm。由于齿轮B、C的榫头，在其固定螺母松开时，榫头与齿轮板不垂直，因此，应检查螺母拧紧后的齿侧间隙。如果没有齿侧间隙，在齿轮运转时，将引起齿面润滑脂被刮下，并使齿轮轴的径向力增加而产生异常磨损或咬死。安装变换齿轮后，在齿面上抹上润滑脂。

3. **张力器附加张力设定**

张力器采用张力珠的办法，丝线穿过张力器时与张力珠摩擦产生张力。张力珠可以分为$\phi3.97$mm、$\phi6.35$mm、$\phi7.14$mm、$\phi7.94$mm、$\phi9.53$mm、$\phi11.1$mm等规格。张力装置的附加张力增大，包围角就减小；相反，附加张力减小，包围角就增大。张力珠的选择根据张力装置使用状况参考设定。

选择好所选的张力珠大小和数量后，把张力珠放到锭套的张力器内。当丝线从锭套顶端的导丝眼进入时，将丝线穿过张力器，同时把张力珠压在丝线上。丝线在加捻时，如果储丝盘上的包围角过小，则要减少张力珠数量或调整大小；如果储丝盘上的包围角过大，则要增加张力珠数量或调整大小。

4. **捻向的设定**

在WL310G型化学纤维倍捻机上，调整车头箱内的S、Z换向齿轮的安装位置即可以改变捻向，同时应切换车尾电气控制箱内的S、Z转换按钮。

具体操作是，将S、Z换向齿轮托架沿齿轮D的轴心转动，当换向齿轮与右侧齿轮啮合时为Z捻，与左侧齿轮啮合时为S捻。将车头皮带轮用手沿加捻方向转动，使换向齿轮托架沿所需要方向慢慢转动，当齿侧间隙为0.2～0.3mm时将托架固定。如将托架转到底固定时，则齿侧间隙就没有了。传动龙带在S捻时按顺时针方向运行，Z捻时按逆时针方向运行。因此，捻向调换后必须检查龙带的运行方向是否正确。

5. **其他工艺参数设定**

（1）锭速的调整。锭速的调整可以通过调换电动机带轮来获得，范围为8000～13000r/min，电动机锭速与皮带轮直径对应关系见表6-1。

（2）气圈导丝器高度的调整。气圈高度H与气圈的形状有关，气圈高度可以通过调整气圈导丝器架的高度来获得，其标准值为273mm（用240mm筒管时）。在检查气圈形状时，可以用闪光测速仪观察。

然后是气圈导丝器中心的调整，检查气圈导丝器中心是否与锭子的中心线重合。再检查气圈导丝器是否在退解筒子的中心。

（3）超喂率的调整。超喂率标准安装为130%。超喂率通过调换链轮G改变，超喂率与链轮G齿数关系见表6-3。

（4）卷绕角的调整。WL310G型化学纤维倍捻机上通过变换齿轮E、F即可以设定卷绕角。标准配置的卷绕角为3°42′。在安装齿轮前，应检查齿轮E轴套内含油轴承的润滑情况，在装上齿轮后应在齿面抹上润滑脂。

6. **开机操作**

（1）开机前先检查穿丝是否正确，丝头退解是否困难，锭子超喂罗拉、摩擦辊等是否有废丝乱缠等。

（2）松开红色紧急停止按钮，按绿色按钮启动倍捻机。

（3）启动后检查丝线是否有断头，如发现断头的锭子，立即在张力圈外切断丝线，以防退解丝卷绕到锭子上。检查丝线是否从正常通道引出，气圈形状是否稳定。观察粗的丝线用肉眼就可以观察气圈形状，在细度细时，可以用闪光测速仪观察。

（4）经常检查机器的运转情况和卷绕成形形状。是否有毛丝、绒圈、污丝、断头等。

7. **停车要点**

（1）当加捻到所需量时，按红色按钮，倍捻机停止运转。

（2）当倍捻机完全停止后，抬起筒锭握臂，取出卷绕筒子，完成加捻。

8. **加捻工艺测量**

（1）测量包围角。打开闪光测速仪，仪器闪光灯频闪，此时可以观察到丝线相对静止的形态，用量角器测量丝线缠绕在储丝盘上的包围角。

（2）测量气圈高度。用直尺测量储丝盘引丝出口到气圈导丝器间的高度H。

（3）测量气圈宽度。打开闪光测速仪，仪器闪光灯频闪，此时可以观察到丝线相对静止的形态，测量气圈宽度。

（4）有边筒子的直径和导纱动程。注意滚筒往复一次导纱动程，有边筒子已转动若干圈，因此，在计算卷绕角时，要考虑筒子在单程导纱动程中的卷绕圈数。

（5）测量卷绕张力。放置单纱张力仪于超喂罗拉与滚筒导纱点之间；注意在卷绕过程中，卷绕张力始终是一个波动值，因此，在读取张力仪数值时，读出指针摆动区的中点数值，即为检测时段内张力的平均值。

（6）测量加捻卷取线速度。使用接触式线速度仪，把接触式线速度仪传感转子放在卷取筒子上，使传感转子与卷取筒子同步转动，读取接触式线速度仪显示屏上的线速度值（m/min）。

五、数据与分析

1. **加捻原料和设备**（表 6–7）

表6–7　加捻原料和设备

倍捻机型号		原料品种		细度/tex	
原料f数		导丝动程/mm		导丝距离/mm	

2. **加捻工艺参数**（表 6–8）

表6–8　加捻工艺参数设计

齿轮号数							
A		B		C		D	
E		F		G			
工艺参数设置							
设计捻度/（$T \cdot m^{-1}$）		皮带轮直径/mm		捻向（S/Z）		超喂率/%	
理论捻度/（$T \cdot m^{-1}$）		锭速/（$r \cdot min^{-1}$）		卷绕角度/（°）		卷绕圈数/（次/单程$^{-1}$）	
理论卷绕速度/（$m \cdot min^{-1}$）		实测卷绕速度/（$m \cdot min^{-1}$）		速度法理论卷绕角度/（°）		动程法理论卷绕角度/（°）	
张力设置							
张力珠规格/（mm·个$^{-1}$）		卷绕张力/cN		气圈导丝器高度/mm		气圈宽度/mm	
加捻结果							
有边筒子起始直径/cm		有边筒子终止直径/cm		卷绕体积/cm^3		卷绕密度/（$g \cdot cm^{-3}$）	
加捻时间/min		加捻丝长/m		理论产量/（$kg \cdot h^{-1}$）		加捻效率/%	
分析和讨论							

注　要求列出原始数据和计算过程。测量结果计算到两位小数，修约到一位小数。

实验7　定捻工艺设计

一、实验目的与内容

（1）掌握定捻的目的和热湿定型原理。

（2）了解热湿定型的结构及其操作方法。

（3）了解不同品种的纱线的定型工艺参数设计。

二、实验设备与工具

KS2X型全自动电加热真空定型蒸箱、温度计、计时器。

三、相关知识

1. 定型蒸箱结构与用途

KS2X型全自动电加热真空定型蒸箱采用卧式圆筒形定型箱结构，由定型蒸箱和控制器两部分组成。定型蒸箱箱体的结构如图7-1所示，箱体主要由卧式圆筒、真空泵、管道部件组成。

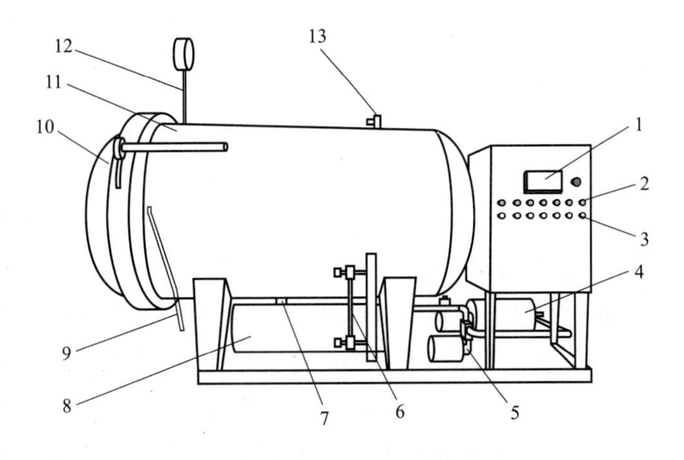

图7-1　KS2X型全自动电加热真空定型蒸箱示意图
1—蒸箱计算机控制器　2—指示灯　3—控制开关　4—进水阀　5—排水阀
6—水箱液面计　7—喷汽管　8—蒸汽发生器　9—接真空泵
10—门盖　11—卧式圆筒　12—真空压力表　13—安全阀

控制器由控制开关3和蒸箱计算机控制器1、电压电流显示表组成，如图7-2所示。控制开关用于手动操作控制定型工艺过程，有“急停”开关、“补水”“进空气”“排汽”“进汽”“真空”“封门”和“手动/自动”。“手动/自动”开关用于切换定型工艺的控制方法，当开关打在“手动”档处时，定型蒸箱的定型过程由人工控制，何时补水、何时进汽需要人工根据工艺需要控制开关；当开关打在“自动”档处时，定型蒸箱会根据蒸箱计算机控制器内设置的工艺参数自动完成定型过程。蒸箱计算机控制器由显示屏幕和“增加”“减少”“设定”“运行”四个按钮组成。电压电流显示表在蒸箱计算机控制器上方，可以显示蒸箱的工作电压和工作电流。

KS2X型全自动电加热真空定型蒸箱主要用途是将具备织造条件的连续的丝线在合并、加捻后进行定型，即用于化学纤维、真丝、羊绒、纱线、窗帘、起绉布、印花布等的定型。在一定压力、温度下以湿热定型的方式稳定捻度，获得均衡的不扭缩丝线，便于后道工序

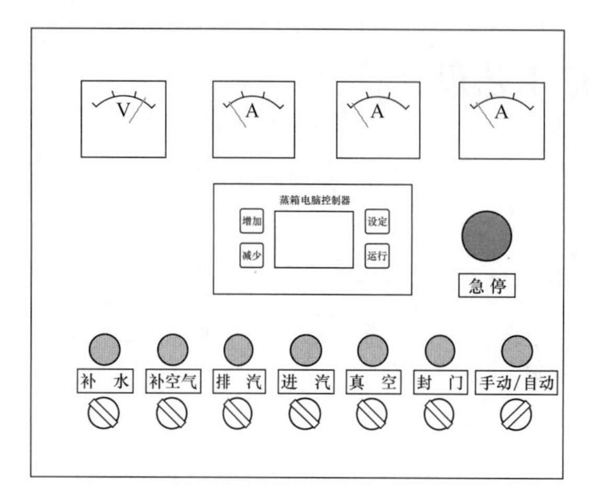

图7-2 全自动电加热真空定型蒸箱控制器

的加工和提高产品质量。

2. **定型工艺设计**

（1）温度。提高定型温度可以加强分子的热运动，减弱分子间的作用力，使大分子链段能较快地调整至变形相适应的位置，使应力弛缓过程加速完成。

不同的合成纤维有不同的玻璃化温度和熔点温度。如锦纶丝的玻璃化温度为40～60℃，软化点温度为160～195℃，熔点温度为215～220℃；涤纶丝的玻璃化温度为68～81℃，软化点为230～240℃，熔点温度为225～265℃；丙纶丝的玻璃化温度为-15℃，软化点为140～150℃，熔点温度为165～173℃。对于合纤长丝来说，加捻后的热定型要在玻璃化温度以上，但不超过软化点温度的条件下进行，这样才能使分子结合力削弱，内应力消除，捻度稳定。考虑到不影响织物的染整后加工，一般捻丝的定型温度宜控制在略高于玻璃化温度。

（2）湿度。提高定型的相对湿度，使水分子渗进纤维大分子之间，减弱大分子间的作用力，降低纤维的退捻扭矩。相对湿度越高，纤维的退捻扭矩越低，丝线也就易于定型。

对于桑蚕丝来说，在干态下加热至100℃以上，只会烧焦炭化，而不会产生丝胶的溶解，所以，湿度也是一个重要的参数，必须同时考虑热与湿两个因素。对于合成纤维来说，定型时湿度能改善定型效果，但并不像桑蚕丝那样，湿度是必不可少的因素。

一般在给湿定型或热湿定型时，相对湿度在90%以上，甚至过饱和。

（3）时间。定型时间越长，大分子链段的位移也越完全，丝线内存在的退捻扭矩也越小，但定型的时间过长，除影响生产周转时间外，也会影响丝的品质。因此，定型时间要根据丝线的组合、卷装容量、定型温湿度等加以控制。掌握的原则是，在保证获得良好定型效果的前提下，定型时间以短为好。如卧式圆筒定型箱定型，一般控制在1h或略长一些时间；自然定型一般需要3～10天；桑蚕丝热湿定型后也希望有4～7天允许丝胶再凝固的时间。

（4）蒸汽压力。加以一定的蒸汽压力，可以使湿热蒸汽较快地进入丝线的内部而加速定型过程，尤其是对于大卷装筒子更为重要。无论是桑蚕丝还是合成纤维，定型时一般都加以适当的蒸汽压力，常控制在0.06MPa左右。

不同纤维、不同线密度、捻度等丝线的退捻程度不同。纤维大分子排列的整齐度越高，它的急弹性变形占总变形的比例也较大，捻丝的退捻能力强；细度粗、捻度大的丝，纤维的变形大，退捻能力也大。因此，应根据丝线的退捻状况及纤维对温湿度等作用的情况制订合适的工艺参数，定型时间要根据丝线的组合、卷装容量、定型温度等加以控制。

四、任务实施

1. 准备工作

（1）检查校准仪表。校准KS2X型全自动电加热真空定型蒸箱气压表，检查蒸箱的安全阀、进水阀、出水阀等是否有效，检查蒸箱箱盖的密封状况，检查水箱内液面高度，防止干烧。

（2）检查加捻纱与所蒸品种是否相符。在箱架上排好加捻纱筒子，将箱架放入真空定型蒸箱的箱体内筒。

（3）合上蒸箱箱盖，向下扳动手轮，使固定扣锁紧箱盖。

（4）打开总电源，水箱自动补水至合理液面上。

2. 参数设置

（1）定型工艺设计。根据定型的原料种类确定定型工艺方案。工艺参数设置见表7–1。

表7–1 全自动电加热真空定形蒸箱参考蒸纱工艺

序号	纤维类别	参数设置	冷却时间	纱管	备注
1	上蜡棉纱	58℃ × 5min/58 ~ 62℃ × 15 ~ 20min	45min	蒸纱纸管	高于蜡熔点2℃
2	丝绸	60℃ × 5min/70 ~ 75℃ × 15 ~ 20min	45min	蒸纱纸管	
3	氨纶包芯筒纱（棉/氨：95/5）	65℃ × 5min/75 ~ 80℃ × 15 ~ 20min	45min	塑料管	
4	腈纶	65℃ × 5min/75 ~ 80℃ × 15 ~ 20min	60min	蒸纱纸管	
5	黏胶	65℃ × 5min/80 ~ 85℃ × 15 ~ 20min	30 ~ 60min	蒸纱纸管	
6	羊毛	65℃ × 5min/80 ~ 85℃ × 15 ~ 20min	60min	蒸纱纸管	
7	棉纱	65℃ × 5min/80 ~ 85℃ × 20 ~ 25min	30 ~ 60min	蒸纱纸管	
8	麻纱	65℃ × 5min/85 ~ 95℃ × 15 ~ 20min	30min	蒸纱纸管	可考虑蒸2次
9	氨纶包芯筒纱（棉/氨：95/5）	65℃ × 5min/85 ~ 95℃ × 15 ~ 20min	60min	塑料管	
10	涤纶短纤	80℃ × 5min/95 ~ 110℃ × 20 ~ 25min	60min	蒸纱纸管	
11	锦纶（尼龙）	80℃ × 5min/95 ~ 110℃ × 20 ~ 25min	60min	蒸纱纸管	
12	丙纶	95℃ × 5min/130 ~ 135℃ × 30 ~ 40min	60min	蒸纱纸管	
13	涤纶、锦纶丝	80℃ × 5min/135℃ × 45min/135℃ × 45min	60min	蒸纱铝管	升温率：2 ~ 3℃/min
14	涤/纶（70/30）	65℃ × 5min/70 ~ 80℃ × 20 ~ 25min	45min	蒸纱纸管	
15	棉/丝绸（80/20）	60℃ × 5min/70 ~ 80℃ × 20 ~ 25min	45min	蒸纱纸管	
16	腈纶/丙纶（50/50）	60℃ × 5min/75 ~ 80℃ × 30 ~ 40min	60min	蒸纱纸管	
17	涤/棉（65/35）	65℃ × 5min/85 ~ 95℃ × 20 ~ 25min	60min	蒸纱纸管	

注 参数设置列，"/"前是指定型蒸箱预热温度和时间，"/"后是指定型蒸箱定型温度和时间。

（2）总电源打开后，蒸箱计算机控制器屏幕亮起。此时，屏幕上显示定型蒸箱筒内实时温度，如图7–3所示。

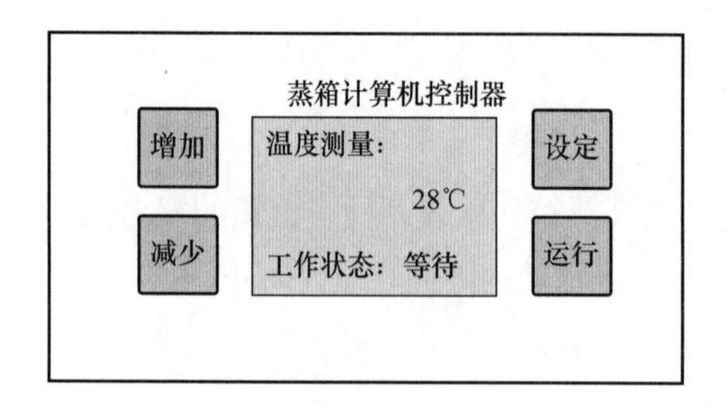

图7-3　蒸箱计算机控制器界面

（3）按“增加”键，蒸箱计算机控制器切换到下一参数设置“一次时间”，“一次时间”表示定型蒸箱预热定型的保温时间。按“设定”键、“增加”键、“减少”键根据所定工艺方案改变时间，设置完成后再按一下“设定”键，蒸箱计算机控制器保存数据。

（4）按“增加”键，蒸箱计算机控制器切换到下一参数设置“一次温度”，“一次温度”表示定型蒸箱预热定型的保温温度。按“设定”键、“增加”键、“减少”键根据所定工艺方案改变温度值，设置完成后再按一下“设定”键，蒸箱计算机控制器保存数据。

（5）按“增加”键，蒸箱计算机控制器切换到下一参数设置“一次放汽时间”，“一次放汽时间”表示定型蒸箱预热定型完成后释放筒内蒸汽的时间。按“设定”键、“增加”键、“减少”键根据所定工艺方案改变时间值，一般放汽时间设置为2min，设置完成后再按一下“设定”键，蒸箱计算机控制器保存数据。

（6）按“增加”键，蒸箱计算机控制器切换到下一参数设置“二次定型时间”，“二次定型时间”表示定型蒸箱热定型的保温时间。按“设定”键、“增加”键、“减少”键根据所定工艺方案改变时间值，设置完成后再按一下“设定”键，蒸箱计算机控制器保存数据。

（7）按“增加”键，蒸箱计算机控制器切换到下一参数设置“二次定型温度”，“二次定型温度”表示定型蒸箱热定型的保温温度。按“设定”键、“增加”键、“减少”键根据所定工艺方案改变温度值，设置完成后再按一下“设定”键，蒸箱计算机控制器保存数据。

（8）按“增加”键，蒸箱计算机控制器切换到下一参数设置“二次放汽时间”，“二次放汽时间”表示定型蒸箱热定型完成后放汽的时间。按“设定”键、“增加”键、“减少”键根据所定工艺方案改变二次放汽时间值，一般设置为0，保持筒内继续充满蒸汽，设置完成后再按一下“设定”键，蒸箱计算机控制器保存数据。

（9）按“增加”键，蒸箱计算机控制器切换到下一参数设置“进空气”，“进空气”表示定型蒸箱热定型完成后通入空气的时间，使内外气压平衡。按“设定”键、“增加”键、“减少”键根据所定工艺方案改变进空气时间值，一般设置为1min，设置完成后再按一下“设定”键，蒸箱计算机控制器保存数据。

3. **开机操作**

（1）参数设置完成后，再检查一次工艺参数数据设置和蒸箱内阀门。

（2）把控制箱上的“手动/自动”开关打在“自动”档上，表示蒸箱会根据计算机控制器内设定的工艺方案自动完成定型过程。

（3）按蒸箱计算机控制器上的“启动”按钮，蒸箱自动封门，开始定型。

（4）在定型过程中，时刻注意蒸箱筒内的气压值，蒸箱会根据水箱内的水量自动补水。

（5）记录定型过程中的工序和工艺参数。

4. 停机要点

（1）当定型蒸箱完成整个定型工艺后，发出蜂鸣警报声30s，此时先不要立即开启箱盖。

（2）关闭定型蒸箱总电源，根据表的冷却时间，等待若干分钟。

（3）冷却时间过后，扳上蒸箱箱盖的手轮，打开箱盖。此时有大量冷凝水流出，注意安全。

（4）从筒内抽出箱架，取出已定型好的纱线筒子。

（5）合上箱盖，关闭阀门。

5. 定捻工艺测量

（1）定型蒸箱启动后，根据蒸箱计算机控制器上显示的工序步骤和实时温度，用计时器记录定捻工序经过的时间。

（2）记录各个工序的时间和温度。

五、数据与分析

1. 定捻原料（表7–2）

表7–2 定捻原料信息记录

纱线品种	1	2	3
纱线线密度/tex			
纱线捻度/（$T \cdot m^{-1}$）			
捻向			

2. 定捻工艺设计（表7–3）

表7–3 定捻工艺设计参数

定型机型号		工作温度/℃		工作介质	
一次时间/min		工作压力/MPa		真空度/MPa	
二次时间/min		一次温度/℃		一次放汽/min	
进空气/min		二次温度/℃		二次放汽/min	

3. 定捻过程记录（表7–4）

表7–4 定捻过程记录

工序	1. 抽真空	2. 第一次升温	3. 第一次保温	4. 第一次放汽	5. 抽真空
时间/min					
工序	6. 第二次升温	7. 第二次保温	8. 第二次放汽	9. 进空气	10. 冷却
时间/min					

实验8　定捻线质量检验

一、实验目的与内容

（1）了解定捻线的质量检验项目。

（2）掌握止捻率的测量方法。

（3）掌握纱线捻度的测试方法。

二、实验设备与工具

电子单纱强力仪、捻度仪、直尺、张力夹。

三、相关知识

短纤维通过加捻才能制成无限长的、具有一定力学性能的纱线。对于长丝，为了提高单丝的紧密度，便于加工并改善织物性能，往往也需要加捻。

目前，测量纱线捻度的标准是GB/T 2543.1—2015《纺织品 纱线捻度的测定 第1部分：直接计数法》、GB/T 2543.2—2001《 纺织品 纱线捻度的测定 第2部分：退捻加捻法》，可以测试纱线平均捻度、纱线捻向、平均伸长率或收缩率、捻系数和捻度变异系数。

纱线捻度的测试方法有直接计数法和退捻加捻法。直接计数法适用于有捻复丝、缆线、股线，退捻加捻法适用于棉、毛、丝、麻及其他混纺纤维的单纱。

直接计数法的测试原理是在规定的张力下，夹住一定长度的试样的两端，旋转试样一端，使试样解捻，直到纱线中的纤维与纱线轴向平行为止（用分析针从试样固定端顺利拨到另一端为准），从而测得捻回数。退去的捻度即为试样长度内的捻回数。

退捻加捻法的测试原理是取一段纱线，在一定的张力作用下，当加捻时的伸长与反向加捻时的缩短在数值上相等时，解捻数与反向加捻数也相等。用这种方法测定纱线的捻度时，为了避免纱线因伸长过多而发生断裂，仪器上装有伸长限位挡片，将纱线伸长控制在一定范围内。捻度解完以后，夹头继续回转就对纱条反向加捻，纱条长度缩短，指针向右回复至零位时，停止夹头回转，记下总捻回数n，n等于试样长度上所具有的捻回数的两倍，根据捻回数和试样长度，即可以求得试样的捻度。

四、任务实施

1. *定捻丝止捻率测量*

实操见视频8–1。

视频 8–1

（1）试样准备。取5段以上长度为50cm长的丝线，试样先进行预调湿，然后在温度为（20±2）℃，相对湿度为（65±3）%的环境下进行试验。

（2）装置和工具。Y331A型纱线捻度仪、量尺、预加张力夹等。

（3）预加张力负荷计算。试样的预加张力负荷按下式计算：

$$F=P\times \mathrm{Tt}$$

式中：F——预加张力负荷，cN；

P——预加张力，cN/dtex；

Tt——试样的名义线密度，dtex。

其中，牵伸丝、预取向丝的标准预加张力为：（0.05±0.005）cN/dtex；

变形丝的标准预加张力为：（0.10±0.01）cN/dtex；

高弹变形丝的标准预加张力为：（0.20±0.02）cN/dtex。

（4）实验步骤。

①握持长度为50cm的丝线的两端，一端固定在Y331A型纱线捻度仪的纱夹上，一端用手握持，注意不要让捻度损失。

②在丝线中间夹上规定的预加张力夹。

③手持一端缓慢、水平地向固定端移动，仔细观察纱段在移动过程中外形的变化过程。

④当丝线在表现出扭转趋势时，移动端停止移动，用量尺记录丝线纱段两端的距离值，即纱段的临界回捻距离B。

⑤重复上述实验，直到规定的试验次数。

2. *定捻丝拉伸强力测试*

（1）试样准备。试样均匀地从10个卷装中抽取，短纤维纱线的试样数量应最少取50根，其他种类纱线应最少取20根。试样先进行预调湿，然后在温度为（20±2）℃，相对湿度为（65±3）%的环境下进行试验。

（2）装置和工具。HD021E型电子单纱强力仪、摇纱机、打印机等。

（3）拉伸速度和预加张力设定。HD021E型电子单纱强力仪采用等速伸长的方式测定强力。隔距长度为500mm，则拉伸速度采用500mm/min；隔距长度为250mm，则拉伸速度采用250mm/min。

在试样夹入夹持器时施加预张力，调湿试样为（0.5±0.1）cN/tex。

聚酯纤维和聚酰胺纤维纱：（2.0±0.2）cN/tex；

醋酯纤维、三醋酯纤维和黏胶纤维纱：（1.0±0.1）cN/tex；

双收缩和喷气膨体纱：（0.5±0.05）cN/tex，线密度超过50tex的地毯纱除外。

试样的预加张力按下式计算。

$$F=P\times \mathrm{Tt}$$

式中：F——预加张力负荷，cN；

P——预加张力，cN/dtex；

Tt——试样的名义线密度，dtex。

（4）实验步骤。

①按常规方法从卷装上退绕纱线。

②在夹持试样前，检查钳口使之准确地对正和平行，以保证施加的力不产生角度偏移。

③夹紧试样，确保试样固定在夹持器内，在试样夹入夹持器时施加预加张力。

④点击红色启动按钮，电子单纱强力仪开始拉伸试验。

⑤记录断裂强力和断裂伸长率值。

⑥重复步骤①～⑤，直到规定的试验次数。

⑦在试验过程中，检查试样在钳口之间的滑移不能超过2mm，如果多次出现滑移现象应更换夹持器或者钳口衬垫。舍弃出现滑移时的试验数据，并且舍弃纱线断裂点在距钳口5mm及以内的试验数据，但需记录舍弃数据的试样个数。

3. 捻度测试（退捻加捻法）

实操见视频8-2和视频8-3。

（1）试样准备。试样均匀地从卷装中抽取，为了避免不良纱段，舍弃卷装的始端和尾端各数米长。短纤维纱线的试样数量应最少取30根，允许伸长4.0mm；中长纤维纱应最少取40根，允许伸长2.5mm。试样先进行预调湿，然后在温度为（20±2）℃，相对湿度为（65±3）%的环境下进行试验。

（2）装置和工具。Y331A型纱线捻度仪、分析针、剪刀等。Y331A型纱线捻度仪结构如图8-1所示。

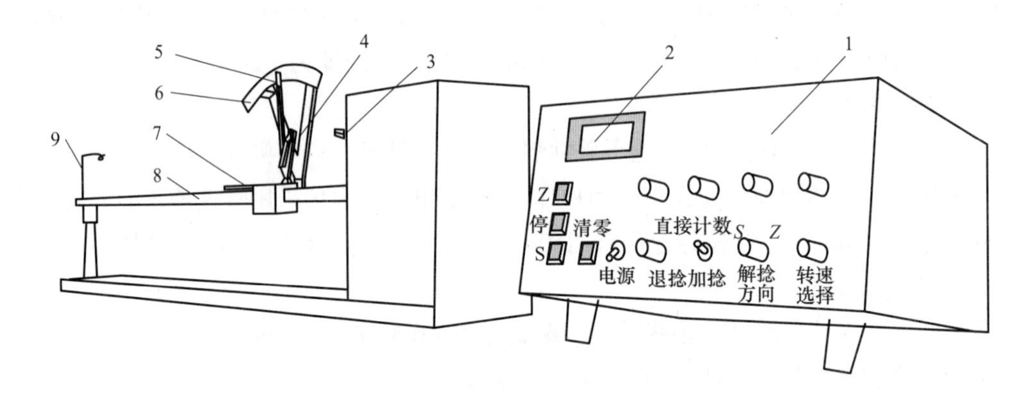

图8-1 Y331A型纱线捻度仪示意图

1—控制箱 2—捻度显示屏 3—右纱夹 4—左纱夹 5—伸长指针 6—伸长弧标尺 7—张力盘 8—定位标尺 9—导丝钩

（3）捻向确定和预加张力设定。握住纱线使其一小段（至少100mm）呈悬垂状态。检查并确定垂直部分纱段的构成单元的倾斜方向。与字母“S”的中间部分一致的为S捻，与字母“Z”的中间部分一致的为Z捻。

除精纺毛纱以外的纱段，预加张力为（5.0±1.0）cN/dtex。

试样的预加张力负荷按下式计算。

$$F=P\times \mathrm{T}$$

式中：F——预加张力负荷，cN；

P——预加张力，cN/dtex；

T——试样的名义线密度，dtex。

（4）实验步骤。

①检查捻度仪的各部分是否正常运行，打开电源开关，电源指示灯亮，电源电压表指示电压数值。

②将扭子开关拨向“退捻加捻”，根据纱线捻向确定夹头回转（退捻）方向，单纱一般多为“Z”捻，将解捻方向拨至“S”，使计数正向计数。

③旋松定距螺丝，调节左右纱夹之间的距离为25mm，然后旋紧支紧螺钉，使左纱夹固定；调节张力杆上的张力重锤的位置，对试样加上规定的预加张力。

④调整伸长限位挡片的位置。

⑤将定位片插好，在插纱架上插上管纱，从纱管顶端轻轻拉出细纱，防止细纱产生意外伸长和退捻，穿过导纱钩、指针上的弹簧片，将纱引至右纱夹的位置，夹紧左纱夹上的纱，然后放开定位片，使纱受到适当张力而伸直，轻轻牵动纱线，使指针指在弧形伸长刻度尺的零位时，揿动右纱夹的弹簧柄，将纱头夹紧在右纱夹上。

⑥按“清零”按钮，使数字显示为零，并根据试样材质选择转速，一般棉或丝选“Ⅰ”档（1500r/min），毛或麻选“Ⅱ”档（750r/min）。

⑦按“S开机”钮，当弧指针离开零位又回到零位时，仪器自动停机。查看显示屏，记录捻度值。

⑧重复步骤⑤~⑦，直到规定的试验次数。

⑨计算捻度平均值和捻系数。

捻系数计算公式如下。

$$a_{\mathrm{t}}=\mathrm{Tt}\sqrt{T}$$

式中：a_{t}——特克斯制捻系数；

Tt——丝线线密度，tex；

T——丝线捻度，T/m。

五、数据与分析

1. 原料品种（表8-1）

表8-1 原料品种

加捻丝品种		名义线密度/tex		实际线密度/tex	
捻向（S/Z）		名义捻度/（$\mathrm{T\cdot m^{-1}}$）		定捻方法	

2. 止捻率、拉伸强力、捻度、耐磨性（表8-2）

表8-2 止捻率、拉伸强力、捻度、耐磨性测定

止捻率：改进临界扭结距离法					
预加张力负荷/cN		试验丝长 A/cm		丝线两端距离 B'/cm	
止捻率 P'/%		是否满足工艺要求			
拉伸强力性能					
单纱强力仪型号		预加张力/cN		实验次数/次	
捻度					
捻度仪型号		捻向（S/Z）		实验次数/次	
平均捻度/（$T \cdot m^{-1}$）		捻度标准差		捻度变异系数/%	
耐磨性					
耐磨仪型号		预加张力/cN		测试根数	
测试结果					
	平均断裂强力/cN	断裂强力变异系数/%	平均断裂伸长率/%	断裂伸长率变异系数/%	平均摩擦次数/次
原纱					
加捻丝					
分析和讨论	与原纱相比，加捻工艺后拉伸强力、耐磨性有何变化？				

注 要求列出原始数据、公式和计算过程。结果计算到两位小数，修约到一位小数。

3. 定捻效果横向比较（表8-3）

表8-3 定捻效果横向比较

名义捻度/（$T \cdot m^{-1}$）	实际捻度/（$T \cdot m^{-1}$）	名义线密度/tex	实际线密度/tex	止捻率/%	平均断裂强力/cN	平均断裂伸长率/%	平均摩擦次数/次
分析和讨论							

实验9 花式捻线工艺设计

一、实验目的与内容

（1）了解圈圈线、结子线的生产原理。

（2）了解空心锭花式捻线机的结构和工作原理。

（3）掌握圈圈线、结子线的生产过程。

二、实验设备与工具

HKV151B型花式捻线机、直尺、纱线张力仪。

三、相关知识

1. 空心锭花式捻线机结构与用途

HKV151B型花式捻线机是利用空心锭子纺制花式纱线的一种设备，它由传动系统、空心锭子、罗拉机构、卷绕机构组成，如图9–1所示。

HKV151B型花式捻线机采用了先进的高速空心锭，其花式成形采用微计算机及变频控制技术来完成，适用于纺制各种类型的花式纱线，如圈圈线、竹节纱、螺旋纱、多色结子线等，是一种适应性广、功能齐全的花式线机，其原料适用于各种化学纤维长丝、低弹丝、棉纱、腈纶及部分天然纤维。

2. 空心锭花式捻线机工艺参数设计

（1）捻度。花式纱线的捻度指固纱对芯纱在单位长度内的包缠数，用下式表达。

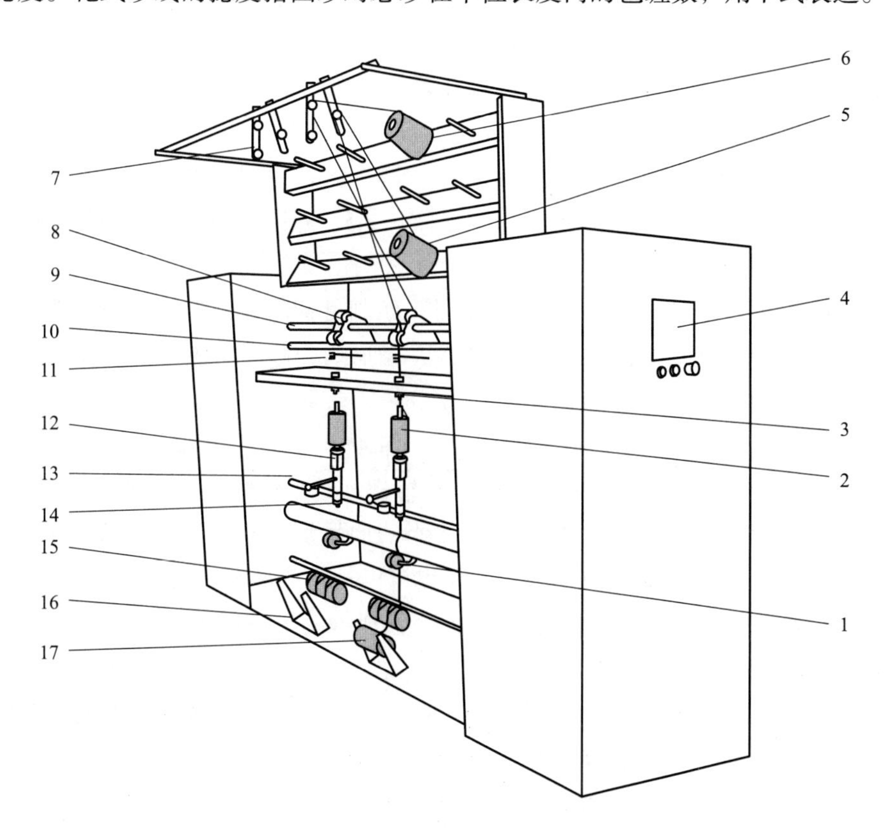

图9–1 HKV151B型花式捻线机结构示意图

1—摩擦轮 2—固结纱 3—上假捻器 4—参数设置控制屏 5—饰纱纱筒 6—芯纱纱筒 7—张力器 8—压轮 9—罗拉Ⅱ 10—罗拉Ⅰ 11—梳栉板 12—空心锭子 13—龙带 14—下假捻器 15—槽筒 16—筒子架 17—卷绕筒管

$$捻度=\frac{空心锭子转速}{出纱速度}$$

捻度影响成纱的风格（如毛圈的结构、大小及毛型感、毛羽、圈密等）及成纱的结构稳定性。捻度小，则成纱蓬松，毛圈直径大、毛羽少、密度大，但毛圈易滑移，成纱结构不稳定。因此，在工艺参数选择时，应根据成纱的风格要求，兼顾成纱结构的稳定性进行合理选择。

捻度的调节是通过改变空心锭速及锭子下面的卷取罗拉转速来实现的，其调节方法只需更换驱动带轮即可。纱线线密度值高时，中空锭速应偏慢选择，一般不低于2000r/min；线密度值低时，中空锭速应偏快选择，一般不高于5000r/min。带轮直径与锭速关系见表9-1。

表9-1　带轮直径与锭速关系

带轮直径/mm	156	188	207	226	245
锭速/（$r\cdot min^{-1}$）	8125	9771	10748	11725	12702

（2）超喂比。超喂比是指饰纱输送速度与芯纱输送速度之比值，用下式表示。

$$超喂比=\frac{饰纱速度}{芯纱速度}=\frac{前罗拉速度}{输出罗拉速度}$$

超喂比可以是恒定不变（饰纱速度以花式规律而固定于芯纱速度），也可以变超喂（因花式不断变化而使饰纱速度不断变化）。

超喂比小，则成纱特数细，毛圈成形小、圈密大；超喂比大，则成纱特数粗，毛圈成形大、圈密小。普通圈圈线的超喂比一般是1.5～3.5。超喂比取决于成纱特数的粗细、圈形的大小及毛圈的密度。

（3）牵伸倍数。当饰纱原料为纤维条时，纺制过程的牵伸倍数要合理选择。牵伸倍数的确定主要是综合饰纱输送速度、成纱特数及圈形均匀度、丰满度等因素进行调整。牵伸倍数可以用下式表达。

$$牵伸倍数=\frac{前罗拉速度}{后罗拉速度}=\frac{饰纱喂入单产\times超喂比}{输出纱线中饰纱所占重量}$$

牵伸倍数不宜过大，否则易因饰纱条干不匀而导致毛圈不匀，可以合理选择喂入纤维条的质量来协调。牵伸倍数可以是恒定的，也可以是随花形不同而变化。

（4）纱线的张力。芯纱的喂入张力不同，其成纱的风格也各不相同，张力控制应适当。张力过小，不能突出饰纱的圈形；张力过大，芯纱回弹后，会影响饰纱圈形及毛圈密度。要使芯纱、饰纱捻合后，饰纱所形成的毛圈排列均匀、大小一致，一般通过微调输出罗拉速度，使输出罗拉与张力罗拉速度之比为0.95～1.20。

纱线的张力由张力器和罗拉进行调整，张力的大小直接影响成纱质量及花型的稳定。

（5）梳栉板的运动。根据花式线花型需要调节梳栉板的运动规律。如结子线的成形，当梳栉板上升时，导纱杆随之上摆将饰纱提起，增加了饰纱的行程。在加捻点处，饰纱具有与芯纱相等的线速度，于是与芯纱捻合而成结子线的平线部分。当梳栉下降时，被提起的备用饰纱被导纱杆放松，芯纱与饰纱之间的相对速度很小，因此，饰纱以一定密度的纱圈绕在芯纱上，形成结子。成形导杆速度分下降和上升两种，梳栉板每上升下降一次完成一次动程，下降速度影响结子大小，上升速度影响结子的间距。

四、任务实施

视频9-1

实操见视频9-1。

1. 准备工作

（1）检查芯纱、饰纱与所需纺制纱线的品种是否相符，放置在花式捻线机的筒子架上。

（2）取长度为200mm圆柱形空筒子一只，搬开卷绕机构上的筒锭握臂，将圆柱形筒子插入锭座，合拢筒锭握臂，扳上筒锭握臂的支撑架，使筒子与卷绕机构上的槽筒接触，并保持一定压力。

（3）放置纱线（图9-2）。将芯纱3从筒子架上的纱筒引出，穿过张力调节器及导纱钩，依次从罗拉Ⅱ4、罗拉Ⅰ1上的凹槽穿过；将饰纱6从筒子架上的纱筒引出，穿过张力调节器及导纱钩，穿过罗拉Ⅰ，与芯纱3捻合在一起；穿过导纱孔和上假捻器，从外包丝筒管上引出固纱，一起从上往下穿过空心锭子锭杆内部，再穿过下假捻器；穿过摩擦轮，经过槽筒，最后卷绕到直径为200mm的卷绕筒子上。

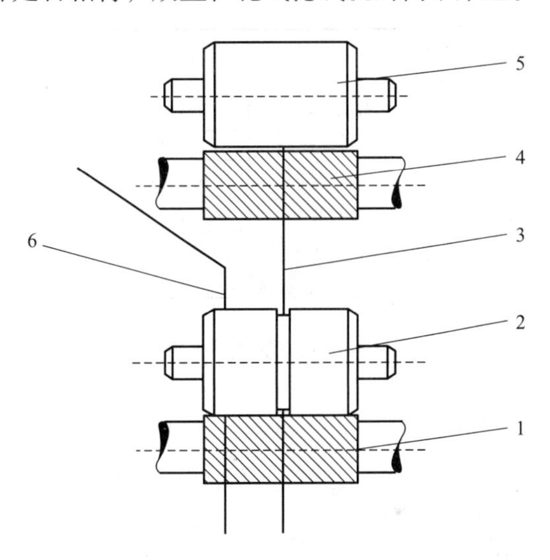

图9-2 纱线穿过罗拉机构
1—罗拉Ⅰ 2—罗拉Ⅰ压轮 3—芯纱 4—罗拉Ⅱ
5—罗拉Ⅱ压轮 6—饰纱

2. 设置工艺参数

（1）打开电源，触摸屏幕出现启动画面（图9-3），有时需先解除紧急停止按钮1自锁。

（2）启动画面上有“选择花式数据”和“延时设定”按钮，可以分别选择进行设定。点击“延时设定”按钮进入延时设定界面（图9-4）。各参数的延时值表示电动机从静止到按规定速度运转所需要的时间。总启动和总停止的延时有助于防止电动机损害和纱线的瞬时受力而断裂，锭子延时也是为了防止纱线瞬时受力过大而断裂。如纺制结子线则需要设置“摆杆停止时间”，停止的时间长短与结子的长度有关。设置完毕后点击“返回”，再点击“选

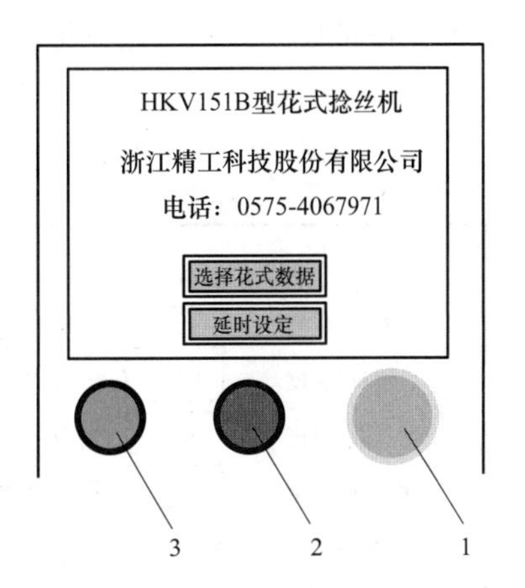

图9-3 花式捻线机控制屏
1—急停按钮 2—停车按钮 3—开车按钮

择花式数据”进入下一界面。

（3）选择工艺号X后，按确定键，则开始进行花式数据设定。进行工艺数据设定时，先设置第一步（即结子线的结子部分）。根据设计需要设置好“前罗拉1、后罗拉1、卷取1、摆杆1”的速度参数后按“保存”键，按“▲”或“▼”键进入第二步设定（图9-5）。其中，第二步指的是结子线的平线加捻部分（图9-6）。同样根据设计设置好“前罗拉2、后罗拉2、卷取2、摆杆2”的速度。第一步和第二步设置好后要按“保存”键，直至全部设置好。检查已设好的数据，准确无误后，按“花式设定”键，进入下一步设置。

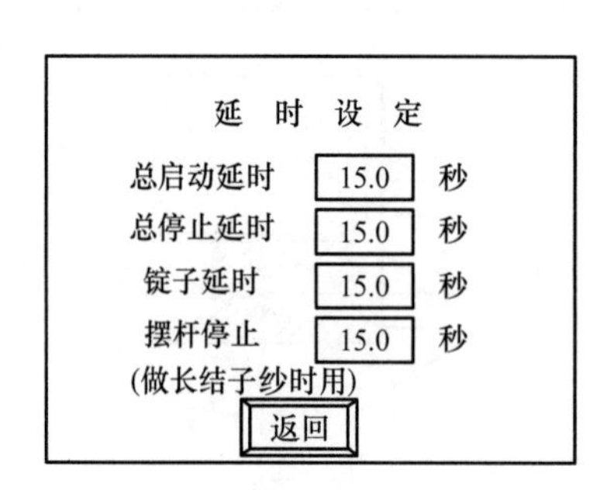

图9-4 花式捻线机延时设定画面

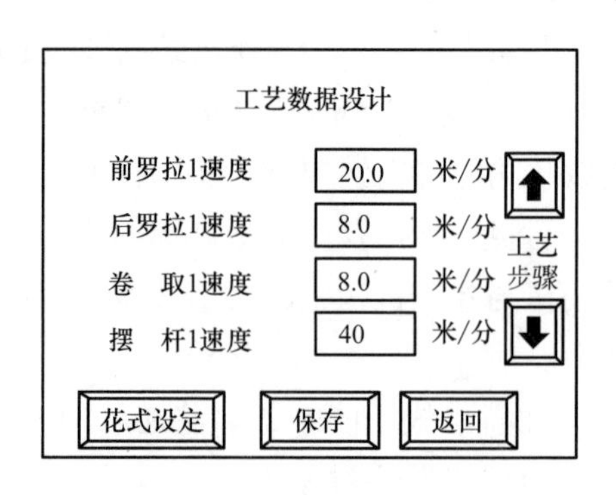

图9-5 花式捻线机工艺一数据设定

（4）按“花式设定”键进入下一界面“花式数据设定”，主要设定上、下假捻器的假捻速度和锭子速度及捻向（图9-7）。如果需要纺制结子线，则在“摆杆是否使用”处选“是”。“速度百分比”表示电动机转速为全速运转时的百分比，如使用强力不高的纱线纺制，则速度百分比就设置小一些，以利于连续生产。“节点随机值”表示纺制结子线时结子点的分布规律，一般可以点选“无规则”。检查已设置好的数据，准确无误后，按“保存”键，再按“返回”键，完成花式线工艺参数设置。

（5）工艺参数设置时的注意事项。

①首先设定捻向，下假捻龙带与锭子龙带旋转方向相反。

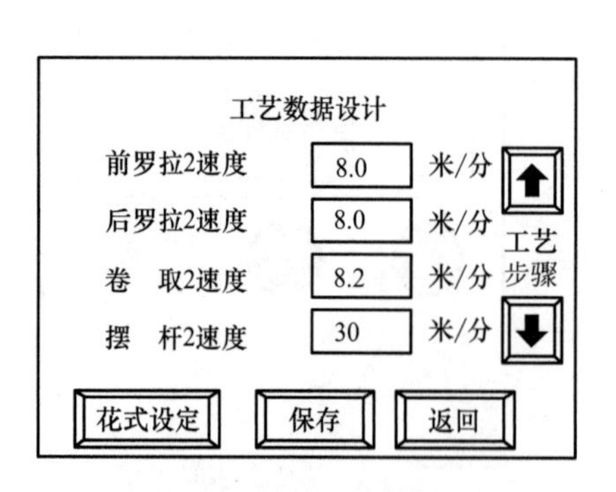

图9-6 花式捻线机工艺二数据设定

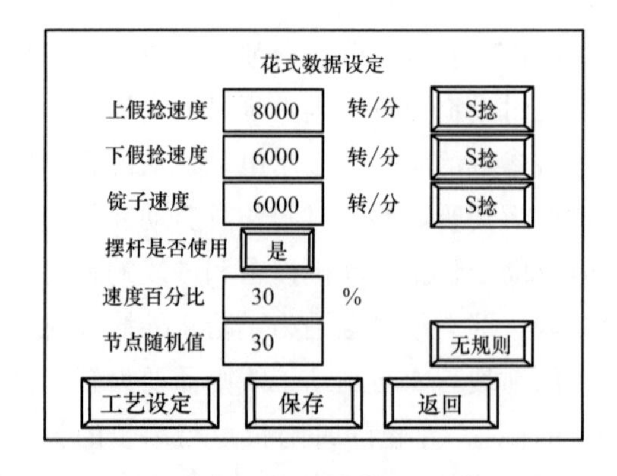

图9-7 花式数据设定

②设定卷取速度（即生产速度），一般设置为5～27m/min。

③根据花式线的捻度及所设定的卷取速度估算锭速，然后设置锭速，并调整龙带松紧。

④预设两罗拉速度，其中Ⅰ罗拉速度与卷取速度接近，前后罗拉速比视花式线品种不同而各异（如短结子线约为1∶1.6；长结子线约为1∶3.5）。

⑤根据锭速设定下假捻器的速度，根据纱线实际效果进行相应调整。

⑥当花式线的成形需要用成形导杆时，如结子线的成形，必需调整其成形导杆的速度，成形导杆的速度分下降与上升两种速度，下降速度影响结子大小，上升速度影响结子的间距。对于一般结子线而言，下降速度大于卷取速度。

3. 开停机操作

（1）按下控制面板上的“绿色”按钮，捻线机开动。

（2）需要停止运转时按“红色”停止按钮。

（3）当遇到紧急情况时，立即按下“急停”旋钮；当故障排除后，将旋钮右转跳起后方可按“启动”按钮继续启动。

（4）当花式捻线机完全停止后，扳开筒锭握臂，取出卷绕筒子；清理残余纱线，关闭电源，完成实验。

4. 花式捻线机加工工艺测量

（1）记录“工艺数据设定”和“花式数据设定”中的工艺参数数据。

（2）测量纱线张力。使用单纱张力仪测量芯纱喂入张力、输出张力、卷绕张力。测量喂入张力时，单纱张力仪应放在筒子架上的张力器与罗拉Ⅱ之间的纱线段上进行测量；测量输出张力时，单纱张力仪应放在罗拉Ⅰ与上假捻器之间的纱线段上进行测量；测量卷绕张力时，单纱张力仪应放在摩擦轮与卷绕筒管之间的纱线段上进行测量。注意在卷绕过程中，张力始终是一个波动值，因此，在读取张力仪数值时，读出指针摆动区的中点数值，即为检测时段内张力的平均值。

五、数据与分析

1. 圈圈线

（1）原料品种（表9-2）。

表9-2　原料品种

纱线种类	纱线线密度/tex	纱线捻度/（$T \cdot m^{-1}$）
芯纱		
饰纱		
外包固纱		

（2）圈圈线工艺设计（表9-3）。

表9-3　圈圈线工艺设计参数

捻度/（$T\cdot min^{-1}$）		捻向	
牵伸倍数		超喂比	
上假捻速度/（$r\cdot min^{-1}$）		捻向	
下假捻速度/（$r\cdot min^{-1}$）		捻向	
锭子速度/（$r\cdot min^{-1}$）		捻向	
摆杆是否使用		速度百分比/%	
节点随机值		卷绕张力/cN	
喂入张力/cN		输出张力/cN	
	工艺1	工艺2	工艺3
罗拉Ⅰ速度/（$m\cdot min^{-1}$）			
罗拉Ⅱ速度/（$m\cdot min^{-1}$）			
卷取速度/（$m\cdot min^{-1}$）			
成品纱效果描述			

2. **结子线**

（1）原料品种（表9-4）。

表9-4　原料品种信息

纱线种类	纱线线密度/tex	纱线捻度/（$T\cdot m^{-1}$）
芯纱		
饰纱		
外包固纱		

（2）结子线工艺设计（表9-5）。

表9-5　结子线工艺设计参数

捻度/（$T\cdot min^{-1}$）		捻向	
牵伸倍数		超喂比	
上假捻速度/（$r\cdot min^{-1}$）		捻向	
下假捻速度/（$r\cdot min^{-1}$）		捻向	
锭子速度/（$r\cdot min^{-1}$）		捻向	
摆杆是否使用		速度百分比/%	
节点随机值		卷绕张力/cN	
喂入张力/cN		输出张力/cN	
总启动延时/s		总停止延时/s	
锭子延时/s		摆杆停止时间/s	

续表

	工艺1	工艺2	工艺3	工艺4	工艺5	工艺6
罗拉Ⅰ速度/（$m \cdot min^{-1}$）						
罗拉Ⅱ速度/（$m \cdot min^{-1}$）						
卷取速度/（$m \cdot min^{-1}$）						
摆杆速度/（$m \cdot min^{-1}$）						
成品纱效果描述						

实验10　钩编花式纱工艺设计

一、实验目的与内容

（1）了解羽毛线、牙刷线的生产原理。

（2）了解花式纱钩编机的结构和工作原理。

（3）掌握羽毛线、牙刷线的生产过程。

二、实验设备与工具

SGD–980型花式纱钩编机、直尺、纱线张力仪、接触式测速仪。

三、相关知识

1. 花式纱钩编机结构与用途

SGD–980型花式纱钩编机分为主机部分和辅机部分。其中主机部分包括机架部件、传动部件、打长箱部件、大欧姆箱部件、针床部件、牵拉部件、送纱部件、收纱分纱架部件、电器部件。辅机部分包括成纱卷绕部件、纱架部件（图10–1）。SGD–980型花式纱钩编机采用变频器调速，可实现无级调速；还设有断线自停报警系统；设有纬纱针板轴、经纱针板轴、花板链条自动加油装置。

SGD–980型花式纱钩编机是用于生产各类花式纱线的纺织机械，属于花式纱线加工设备。该设备是将经纱和纬纱先编织成经编衬纬组织布，再通过切断布间的纬纱使之形成一条条纱线。或者用经纱和纬纱直接编织成经编衬纬组织的带状纱线。SGD–980型花式纱钩编机可适用于各种化学纤维丝及棉、毛、麻、丝等原料。这些原料可以先染色再制成花式纱，也可以制成花式纱后染色。钩编花式纱的特征是芯线连续成圈，纬纱做衬垫，纱线呈扁平状。

2. 花式纱钩编机工艺参数设计

（1）垫纱角度。钩编花式纱的生产多采用偏钩针，少量采用舌针。地经纱在针前垫纱时，经纱需正好嵌入钩针的间隙中，即只有垫纱角度与钩针间隙倾角相同时才能实现垫

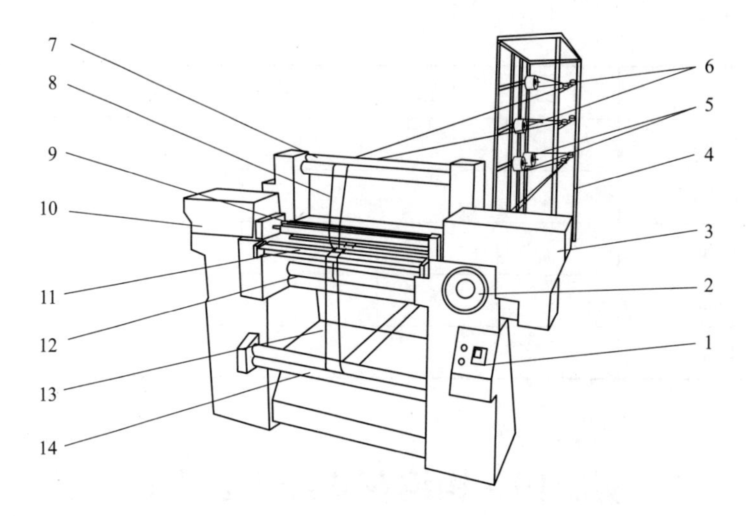

图10-1　花式纱钩编机示意图

1—控制面板　2—手动摇柄　3—打长箱部件　4—纱架　5—经纱纱筒　6—纬纱纱筒　7—送纬部件　8—纬纱　9—纬纱针板　10—大欧姆箱部件　11—经纱针板　12—牵拉部件　13—经纱　14—送经部件

纱成圈。

在生产过程中，由于地经纱受到衬纬纱横移的拉力作用，其垫纱角度往往发生改变，如果地经纱不能垫入钩针的间隙中，则垫纱运动不能实现，使正常编织受阻。此时，若采取减小衬纬纱张力的方法，则会造成花式纱边部不整齐，外观受到影响。较好的措施为加大边经纱张力，并微调导纱针在针间的位置，这样可抵销边纱受衬纬纱横移拉力的影响，使垫纱角度得以保证，垫纱正常进行。

（2）纱线张力。在钩编机的编织运动中，衬纬纱及地经纱的喂入均是消极间歇式的，这就给衬纬纱及地经纱的张力控制带来一定的难度。

衬纬纱张力影响花式纱边部的整齐度，对花式纱的宽窄及外观形态也有一定的影响。张力过小，会造成花式纱边部不齐，带子纱宽窄不一，或羽毛纱羽毛长度不一致等；张力过大，则会影响垫纱角度，使编织不能正常进行。因此，衬纬纱张力的控制应以保证花式纱的外观为主，尽量保证衬纬纱以恒张力送出。地经纱张力的控制，以满足垫纱角度为标准，适当增加经纱的张力，有利于衬纬密度的加大。

（3）衬纬密度、送经速度、卷绕速度。衬纬密度（羽毛线羽毛密度）通过调节控制牵拉的链轮机构实现。随着成纱输出速度的减小，衬纬密度逐渐增大，但速度减小是有限的，因为速度太慢时会使经纱张力太小而旧线圈无法退圈，不能纺纱。

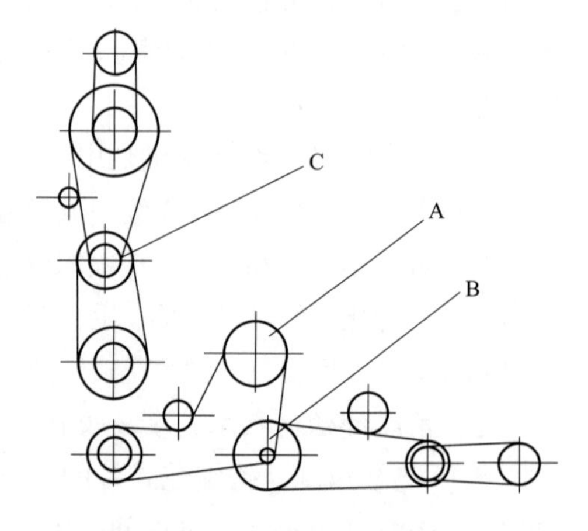

图10-2　链轮机构示意图

卷绕速度可以通过调节送经速度和送纬速度实现，在机器的左边设有控制送经速度、送纬速度的链轮机构（图10-2）。其中链轮A用来调节牵拉速度、链轮B用来调节送经速度、链轮C用来调节送纬速度。在运行中，SGD-980型花式纱钩编机配有无级调速器来微调送经、送纬速度。

（4）钩编花形。纺制的羽毛花式纱的羽毛是连续还是间隔等钩编花形，主要由花板链上的花板排列决定。如果要使羽毛是连续的，其花板排列如图10-3（a）所示；如果羽毛是间隔的，花板排列如图10-3（b）所示（根据间隔大小可以调整）。用编织符号表示见表10-1。

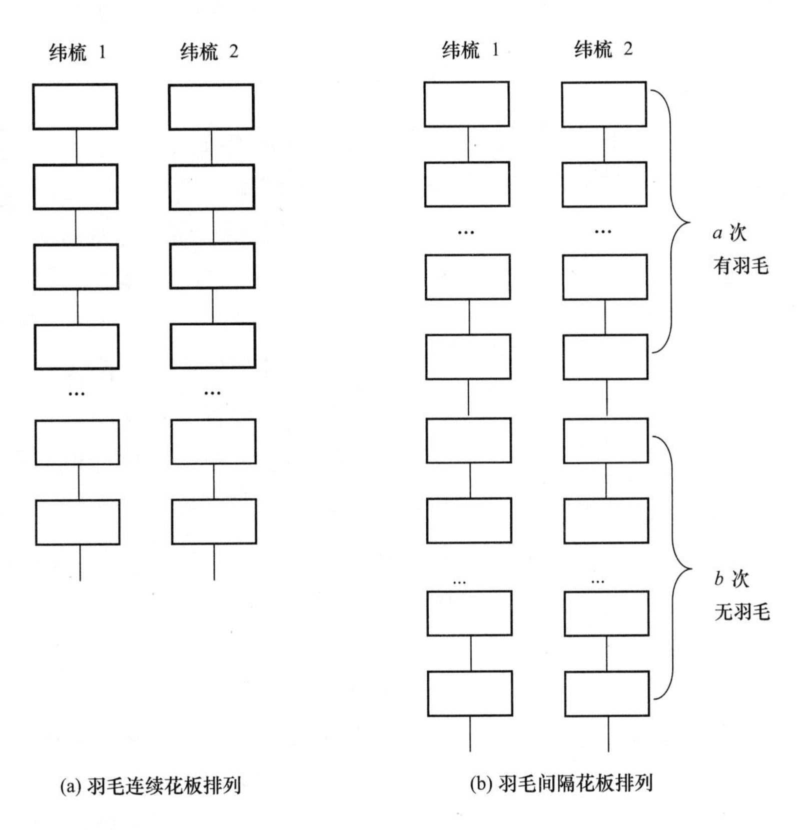

图10-3　钩编花形花板排列

表10-1　钩编花形设计编织符号

方式	经梳	纬梳1	纬梳2
连续式	1-2/1-2//	1-*N*/*N*-1//	*N*-1/1-*N*//
间隔式	1-2/1-2//	（1-*N*/*N*-1//）*a*次 （1-3/3-1//）*b*次	（*N*-1/1-*N*//）*a*次 ［（*N*-2）-*N*/*N*-（*N*-2）//］*b*次

注　1. *N*值视羽毛长短而定，*N*值越大，羽毛越长。

2. *a*为衬纬纱线连接次数，*b*为衬纬纱线缺失次数，两数值视羽毛纱间隔状况而定。

（5）机号、针距、刀片位置。钩编机的机号以针床单位长度上的针数表示。作为规定长度如25.4mm长度上有36枚针则机号为36，写成*E*36。

根据机号很容易计算针距*T*。针距指两枚经纱针的间隔距离，由下式计算。

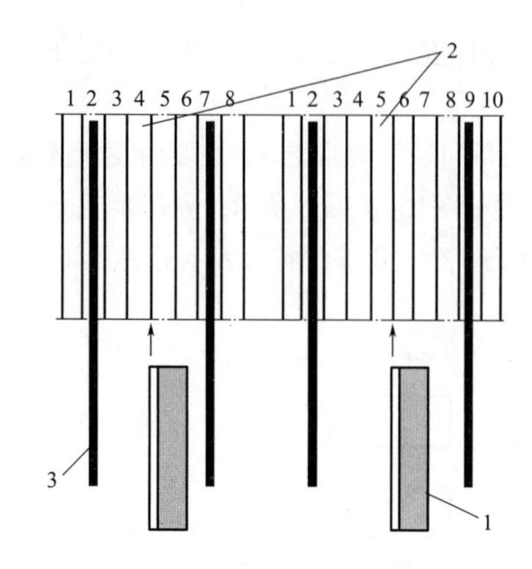

图10-4　经纱针间隔针槽与割刀位置
1—割刀　2—经纱针板　3—经纱针

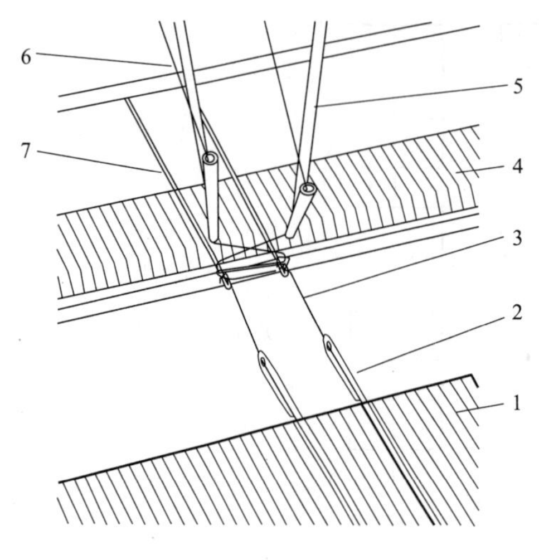

图10-5　纬纱、经纱、纬纱针、经纱针放置示意图
1—导纱针板　2—导纱针　3—经纱　4—经纱针板　5—经纱针　6—纬纱　7—经纱针

$$T=\frac{25.4}{E}$$

式中：T——针距，mm；

E——机号。

羽毛线的羽毛长短主要由两枚经纱针的间隔针槽数和割刀位置决定，如图10-4所示。

四、任务实施

实操见视频10-1。

1. 准备工作

（1）检查经纱、纬纱与所需纺制纱线的品种是否相符，放置在花式纱钩编机的筒子架上。

（2）放置纬纱针、经纱针、导纱针。根据羽毛线羽毛设计长度，计算两枚经纱针针距。打开针床压针板，放置两枚间隔若干针距的经纱针（也称偏钩针），重新盖上压针板；在导纱针板上与经纱针相对的位置放置导纱针；根据衬纬纱线根数和位置，最后在纬纱针板上插入纬纱针，如图10-5所示。

（3）经纱穿法。如图10-6所示，经纱5从筒子架6上的纱筒引出，穿过圆盘张力器、导纱器，从下往上穿过送经罗拉，穿过导纱针板上的导纱针，然后等待纬纱穿纱。

（4）纬纱穿法。纬纱4从筒子架6上的纱筒引出，穿过圆盘张力器、导纱器、送纬罗拉，从上往下穿过纬纱针板上的纬纱针；纬纱和经纱捻合

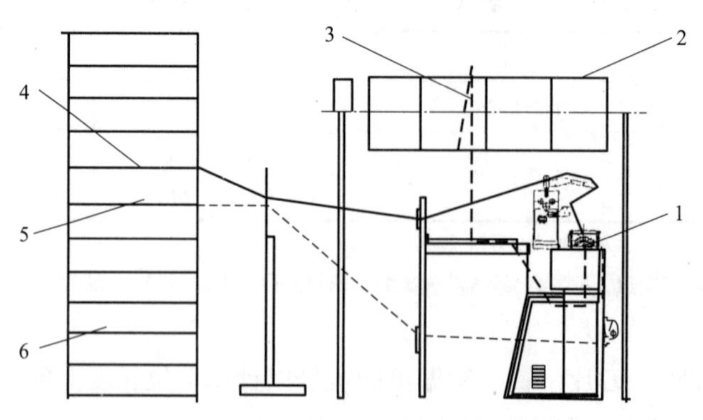

图10-6　经纬纱穿法示意图
1—机针床　2—收纱架　3—成品纱　4—纬纱　5—经纱　6—筒子架

后穿入挡线板后侧，然后穿过牵拉罗拉、卷绕罗拉，最后放置在收纱架2上。

2. **花板排列**

纺制的羽毛花式纱的羽毛是否连续主要由花板链上的花板排列决定。先设计好花板的运动规律，写出纬梳（纬纱针板）1、纬梳2的排列编码。

找出排列编码上所需的花板链块8，将各种不同高度的链块的单头插入下一链块的双头内，并通过销子连接成花纹链条，再嵌入大欧姆箱1内滚筒7的链块轨道2，便装配成了花板，如图10–7所示。链块之间的高度差等于梳栉3（纬纱针板）横移的距离。

相邻链块搭接注意事项如下。

（1）每一块链块应双头在前，单头在后（保证运动平稳无冲击）。

（2）高号链块的斜面与低号链块的平面相邻。

3. **垫纱角度调整**

首先选定内侧的一块纬纱针板，两端都插上一支同样的纬纱针，转动控制轮使两侧的纬纱针板座同时处于偏心带动的最低点，再观察两端的纬纱针末端是否低于针床1mm，同时钩针也伸出针床约4mm，纬纱针管末端高低可通过调节纬纱针板按头的上下来达到，如图10–8所示。

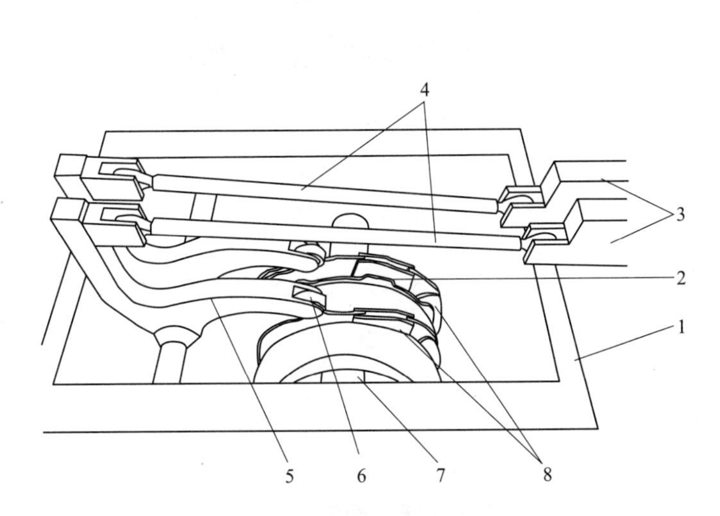

图10–7 大欧姆箱部件花板排列
1—大欧姆箱 2—链块轨道 3—纬纱针板 4—连杆 5—摇臂 6—转子
7—滚筒 8—花板链块

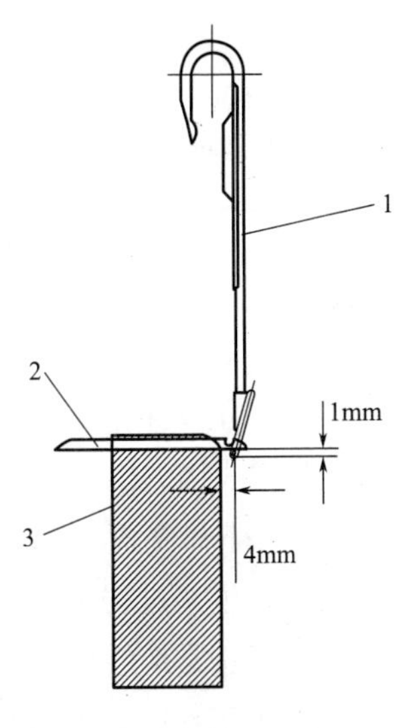

图10–8 垫纱角度调整
1—纬纱针 2—经纱针
3—经纱板

接着手动转动控制轮，检查纬纱针、经纱针、导纱针的运动情况。

经纱针板的经纱针末端与钩针末端应呈水平式平行。欲调整时，需先调松经纱针板两端固定座的螺栓，校正检查无误后再拧紧固定座的螺栓。

如果有纬纱针在水平横移或上下跳动时触碰到经纱针，要重新调整纬纱针在纬纱针板上的位置，直到运行顺利。

4. **开机操作**

（1）检查经、纬纱线的张力情况，如有松弛的应从牵拉罗拉处拉紧。

（2）调整车速。旋动控制面板上的车速旋钮，先旋到全速的1/5，防止车速太快发生意外，如图10-9所示。

（3）开始运行。按控制面板上的绿色“启动”按钮，花式线钩编机开始运行。

（4）安装割刀。等到钩编机能正常生头，生产出花式线后，按红色“停止”按钮，花式线钩编机停止运行。将刀片插入到刀架上，注意刀片与两枚经纱针之间的距离，羽毛线羽毛长度与割刀位置有关，如图10-10所示。

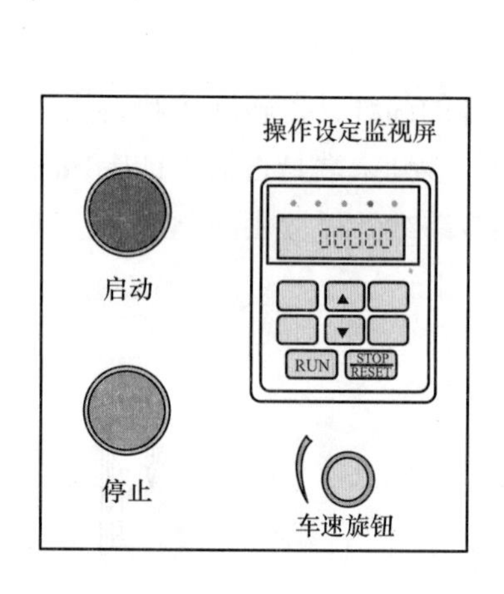

图10-9　控制面板

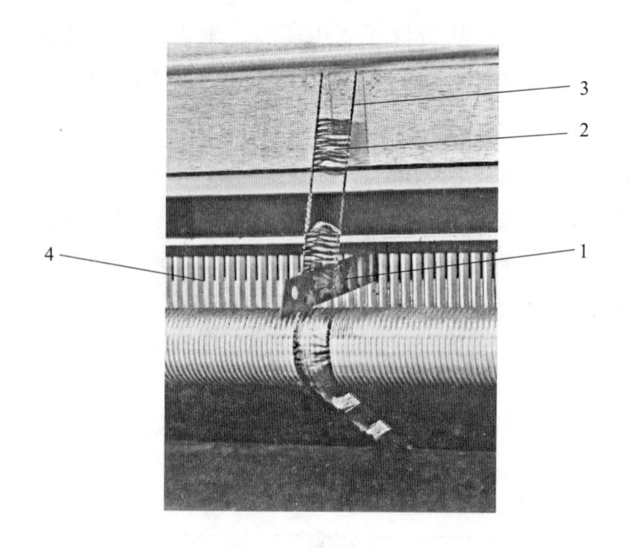

图10-10　安装割刀
1—割刀　2—纬纱　3—经纱　4—刀架

（5）正式生产。按控制面板上的绿色“启动”按钮，旋动控制面板上的旋钮到正常车速，花式线钩编机开始正式运行生产。

5. **停机要点**

（1）生产过程中，将成品纱线卷绕到收纱架上。

（2）正常纺纱时，手不得伸到刀片前方以及各种齿轮啮合处，以免发生意外。

（3）工作时，不得触摸正在运动的和可能会运动的部件，如喂入罗拉、输出罗拉、卷绕纱框等。

（4）停止运行。按红色按钮，主电动机运动停止。

（5）急停，按急停按钮，电动机停止运转。重新启动时，需旋转该按钮，才可以解除锁定。

（6）生产出所需量花式线后，剪断经线、纬线，清理多余纱线，拔出刀片，完成实验。

6. **钩编机工艺测量**

（1）使用单纱张力仪测量纬纱张力、经纱张力、牵拉张力。测量纬纱张力时，单纱张力仪应放在纬纱针与送纬罗拉之间的纱段进行测量；测量经纱张力时，单纱张力仪应放在导纱针与送经罗拉之间的纱段进行测量；测量牵拉张力时，单纱张力仪应放在经纱针板与牵拉罗拉之间的经纱段进行测量；注意在测量过程中，张力始终是一个波动值，因此，在读取张力仪数值时，读出指针摆动区的中点数值，即为检测时段内张力的平均值。

（2）使用接触式转速仪测量送经罗拉、牵拉罗拉、卷绕罗拉的速度。

五、数据与分析

1. 羽毛线

（1）原料品种（表10-2）。

表10-2　原料品种信息

	经纱	纬纱	
		纬纱1	纬纱2
纱线种类			
细度/tex			
捻度/（T·m^{-1}）			

（2）羽毛线工艺设计（表10-3）。

表10-3　羽毛线工艺设计参数

钩编机型号		机号	
送经速度/（m·min^{-1}）		经纱针距/mm	
卷绕速度/（m·min^{-1}）		牵拉速度/（m·min^{-1}）	
纬纱张力/cN		衬纬密度/（根·cm^{-1}）	
牵拉张力/cN		经纱张力/cN	
羽毛线花型设计	经梳	纬梳1	纬梳2
花型编织符号			
成品纱效果描述			

2. 牙刷线

（1）原料品种（表10-4）。

表10-4　原料品种信息

	经纱	纬纱	
		纬纱1	纬纱2
纱线种类			
细度/tex			
捻度/（T·m^{-1}）			

（2）牙刷线工艺设计（表10-5）。

表10-5 牙刷线工艺设计参数

钩编机型号		机号	
送经速度/（m·min^{-1}）		经纱针距/mm	
卷绕速度/（m·min^{-1}）		牵拉速度/（m·min^{-1}）	
纬纱张力/cN		衬纬密度/（根·cm^{-1}）	
牵拉张力/cN		经纱张力/cN	
牙刷线花形设计	经梳	纬梳1	纬梳2
花形编织符号			
成品纱效果描述			

实验11 竹节纱工艺设计

一、实验目的与内容

（1）了解竹节纱的生产原理。

（2）了解细纱机的结构和工作原理。

（3）掌握竹节纱的生产过程。

二、实验设备与工具

DSSp-01型数字式小样细纱机。

三、相关知识

1. 细纱机结构与用途

DSSp-01型数字式小样细纱机由喂入机构、加压机构、牵伸机构、加捻与卷绕成形机构共同组成。DSSp-01型数字式小样细纱机整体结构图如图11-1所示。

DSSp-01型数字式小样细纱机适用于长度为22～65mm的棉纤维、长度为65～120mm的毛纤维、麻纤维及化学纤维的纺制。可纺制普通细纱、包芯纱、竹节纱、段彩纱、变特变捻纱等细纱品种。

2. 竹节纱设计

（1）牵伸比和竹节细度。设纺基纱总牵伸倍数为$E_{基}$，基纱特数为$Tt_{基}$。纺竹节时总牵伸倍数为$E_{节}$，根据环锭纺机械牵伸原理，牵伸比a由下式表达。

$$a=\frac{E_{基}}{E_{节}}$$

$$Tt_{节}=a\cdot Tt_{基}$$

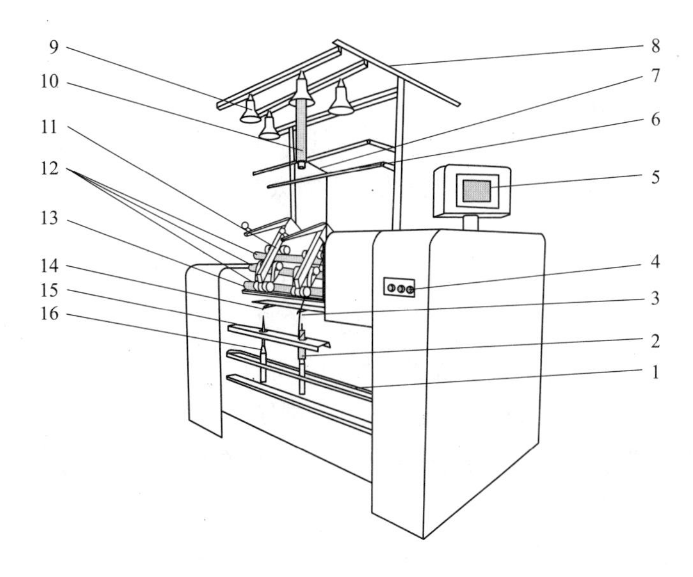

图11-1　DSSp-01型数字式小样细纱机结构图

1—锭带　2—筒管　3—细纱　4—控制面板　5—触摸控制器　6—导纱杆　7—粗纱　8—粗纱架　9—吊锭　10—粗纱管　11—弹簧摇架　12—牵伸罗拉　13—吸棉管　14—导纱钩　15—钢领板　16—锭子

式中：a——牵伸比；

$E_{基}$——基纱总牵伸倍数；

$E_{节}$——竹节总牵伸倍数；

$Tt_{基}$——基纱线密度，tex；

$Tt_{节}$——竹节线密度，tex。

（2）竹节纱线密度。将竹节的长度记作L_1，L_2，…，L_5，竹节的间距记作h_1，h_2，…，h_5，一个周期内竹节的总长度$L=L_1+L_2+L_3+L_4+L_5$，一个周期内竹节纱的长度$X=X_1+X_2+X_3+X_4+X_5$（$X_1=L_1+h_1,\cdots,X_5=L_5+h_5$），一个周期内的竹节数$n$=5，如图11-2所示。

则竹节纱的线密度Tt由下式表达。

$$Tt=\left[1+\frac{L(a-1)}{X}\right]\cdot Tt_{基}$$

式中：Tt——竹节纱线密度，tex；

$Tt_{基}$——竹节纱基纱线密度，tex；

L——一个周期内竹节总长度，mm；

X——一个周期内竹节纱长度，mm；

a——牵伸比。

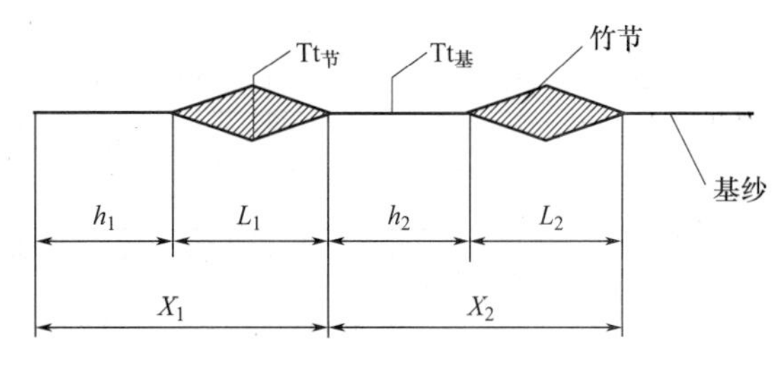

图11-2　竹节纱结构示意图

（3）竹节直径、粗度、长度。竹节的横截面近似为圆形，设竹节的直径为$d_{节}$，基纱的直径为$d_{基}$，根据环锭纱直径计算公式$d=0.037\sqrt{T_{细}}$，则竹节的直径由下式表示。

$$d_{节}=\sqrt{a}\,d_{基}$$

式中：$d_{节}$——竹节的直径，mm；

$d_{基}$——基纱的直径，mm；

a——牵伸比；

$\sqrt{a}$——粗度。

竹节纱的竹节长度和粗度的设定与织物用途有密切的关系。如用作服装，要显示出“隐条”风格的竹节布，要求竹节的颗粒凸纹不需太突出，竹节的长度应在50mm以下，竹节较细，粗度$\sqrt{a}$应选择1.4～2.0。

机织生产时，竹节纱的竹节不能太粗，因为用作纬纱时，竹节的捻度小、强力低，喷气织机气流引纬时易吹断纬纱，有梭织机易堵塞梭眼，造成断头。用作经纱时，整经机和浆纱机的伸缩筘及织布机的停经片、综丝、钢筘等部件易阻断纱。

用纬向竹节布做服装时，竹节不能太长，否则横向视觉加强，影响穿着美感。仿丝绸宫绸风格的竹节布，要求竹节颗粒饱满、粗犷，竹节的粗度可略粗，$\sqrt{a}$掌握在2～2.5。

用作装饰台布等用途时，为了突出凹凸立体感风格，竹节的粗度可偏粗掌握。用于装饰窗帘布时，要求有较密集而细长的竹节，这样从室内透光部分看去，具有水纹样的飘逸感。

3. **细纱机工艺参数设计**

（1）钢丝圈的重量和圈形。因竹节纱上存在粗细节，当粗节到达气圈时，离心力增大，引起气圈膨大。如钢丝圈重量轻，纱线则会撞击隔纱板，而竹节部分的捻度较少，结构松散，造成成纱毛羽长而多，严重时气圈破裂引起断头，所以，钢丝圈应偏重掌握。一般而言，钢丝圈应比同特数普通纱重2～4号。此外，由于竹节处粗度大，通过钢丝圈时有一定的困难，所以，应选用大圈形钢丝圈。棉纱用钢丝圈参数选用范围见表11–1，钢丝圈轻重掌握要点见表11–2。

表11–1　棉纱用钢丝圈参数选用范围

钢领型号	纱线密度/tex	钢丝圈号数	钢领型号	纱线密度/tex	钢丝圈号数
PG1/2	7.5	16/0～18/0	PG1	21	6/0～9/0
	10	12/0～15/0		24	4/0～7/0
	14	9/0～12/0		25	3/0～6/0
	15	8/0～11/0		28	2/0～5/0
	16	6/0～10/0		29	1/0～4/0
	18	5/0～7/0	PG2	32	2～2/0
	19	4/0～6/0		36	2～4
PG1	16	10/0～14/0		48	4～8
	18	8/0～11/0		58	6～10
	19	7/0～10/0		96	16～20

表11–2　钢丝圈轻重掌握要点

纺纱条件变化因素	钢领走熟	钢领衰退	钢领直径减小	升降动程增大	单纱强力增加
钢丝圈重量	加重	加重	加重	加重	可偏重

（2）细纱机的牵伸倍数。设计细纱机牵伸倍数时，需要先根据竹节纱的定量或特数，

计算出基纱的定量或特数，然后按下式进行计算。

$$细纱机牵伸倍数=\frac{粗纱线密度}{基纱线密度}=\frac{粗纱定量\times100}{基纱定量\times10}$$

$$竹节纱定量（g/100m）=\left[1+\frac{b}{a}\times（c-1）\right]\times基纱定量（g/100m）$$

$$基纱线密度=\frac{竹节纱线密度}{d+c\times e}$$

式中：a ——一个大循环长度，cm；

b ——一个大循环长度内竹节长度之和，cm；

c ——竹节粗度；

d ——基纱长度之和占大循环长度的百分比；

e ——竹节长度之和占大循环长度的百分比。

牵伸装置总牵伸倍数的选用范围见表11-3。纺制精梳纱及化学纤维混纺时，总牵伸倍数可偏大些。

表11-3　牵伸装置总牵伸倍数范围

纺纱线密度/tex	9以下	9～19	20～30	32以下
长短胶圈牵伸倍数/倍	30～60	22～45	15～35	12～25

（3）捻度。捻度不仅影响成纱的强力、伸长等性能，还影响竹节纱织物的布面风格。由于竹节纱捻度不匀比较大，竹节处纱线强力较低，所以，竹节纱捻系数要偏大掌握，以提高成纱强力，降低断头率。但一味增加捻度，会使正常纱段捻度过大，反而会增加脆断头。根据生产实践，竹节纱的捻系数一般比普通纱高10%～20%为宜。

（4）车速。采用中后罗拉增速纺制竹节纱，前罗拉转速过高，容易引起中后罗拉变速时冲击力增大，罗拉头断裂。且速度过快，纺纱张力大，会导致成纱的弹性伸长减小，整经、浆纱和织造过程中断经增多。尤其是竹节长度较长、粗度较大时，因捻度不匀率大，断头更多。采用前罗拉停顿或变速法生产竹节纱时，由于罗拉速度不断变化，也应减慢速度，否则会增加整机断头率。

四、任务实施

实操见视频11-1。

视频 11-1

1. 准备工作

（1）安装粗纱管。选择好合适规格的粗纱，将粗纱筒管9放到粗纱架11的吊锭10下，向上插入，听到“吧嗒”声后，粗纱管便已安装在吊锭上。

（2）粗纱线穿纱。粗纱筒管安装在吊锭上后，退绕出一段粗纱8，绕过导纱杆12、导纱钩7后，先经过横动导纱板上的喇叭口5后，喂入牵伸装置4；将粗纱线头伸入到吸棉管小孔内。

（3）安装钢丝圈。根据纱线规格选择合格型号的钢丝圈，见表11-1。钢丝圈2安装在钢领1上，将钢丝圈的双脚扣入钢领上。

（4）安装细纱管。取出一只细纱筒管13，预先在细纱管上绕上生头细纱3若干；将细纱筒管插入锭子14上，引出细纱线头，先穿过扣在钢领1上的钢丝圈2，然后穿过导纱钩15，喂入到牵伸装置4。

（5）压下弹簧摇架6，对生头细纱和粗纱加压。纱线生头准备如图11-3所示。

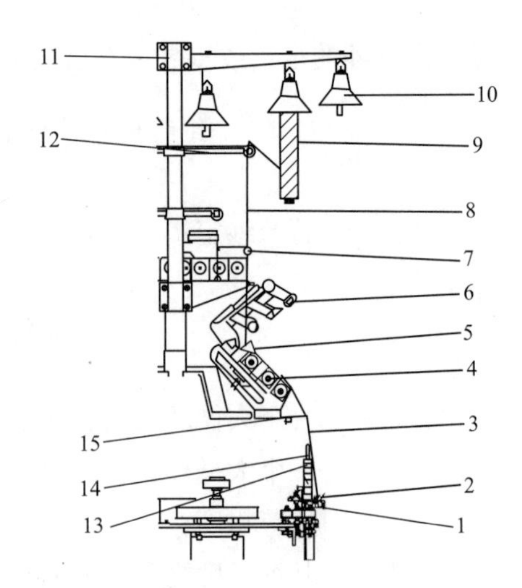

图11-3 纱线生头准备示意图

1—钢领 2—钢丝圈 3—生头细纱 4—牵伸装置 5—喇叭口 6—弹簧摇架 7—导纱钩 8—粗纱 9—粗纱筒管 10—吊锭 11—粗纱架 12—导纱杆 13—细纱筒管 14—锭子 15—导纱钩

2. **工艺参数设置**

（1）打开细纱机电源，在触摸控制器上输入用户名、密码，进入设备监控界面（图11-4）。

（2）进入竹节纱设计界面。通过屏幕上方快捷菜单按钮切换到主菜单页面，如图11-5所示。点击“纱线设计”按钮切换至纱线设计界面，如图11-6所示，根据纺纱要求选择竹节纱纺纱工艺，点击□变成☑即可完成选择。再点击竹节纱项目的“基本工艺”进行竹节纱工艺设计。

（3）无规律竹节纱设置。竹节纱分有规律竹节纱和无规律竹节纱，通过如图11-7所示界

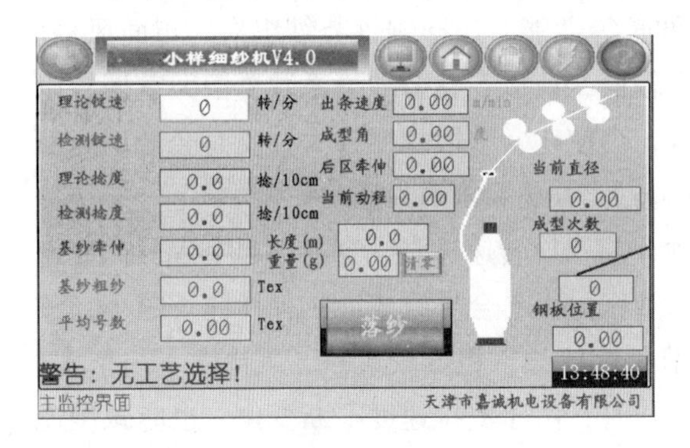

图11-4 细纱机触摸控制器主监控界面

图11-5 主菜单界面

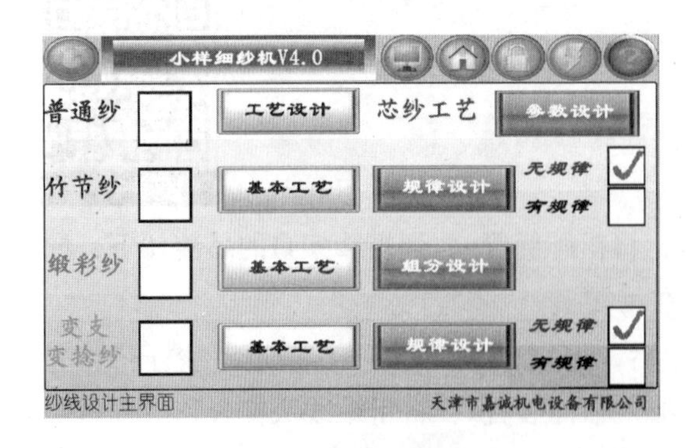

图11-6 纱线设计主界面

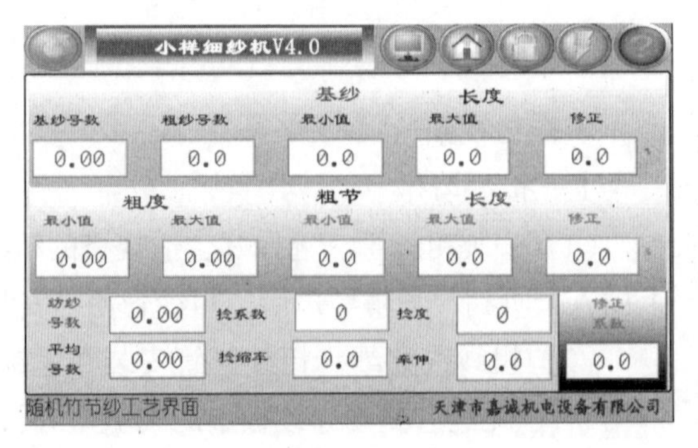

图11-7 随机竹节纱工艺设置界面

面做选择，有规律竹节纱最多50组，可自行设置，并且可设置最大循环数（≤50），无规律竹节需要设置基纱长度范围、竹节粗度范围以及竹节长度范围，纺纱时在范围内随机选择。

平均特数程序自行计算，若与纺纱特数不同，根据需要改变基纱特数、长度以及粗度或者竹节长度。

如图11-2所示，竹节纱结构分为基纱和竹节两部分，因此，基纱和竹节工艺参数分为两部分输入。基纱工艺参数包括基纱号数、粗纱号数、基纱长度最大值和最小值，并可通过随后的“修正”参数修正长度，修正为正值则为加长长度，若为负值则为缩小长度；竹节工艺参数：粗度最大值和最小值，该数值是相对于基纱的最大值和最小值，是倍数关系，所以，必须大于1。竹节也有长度最大值和最小值，同样可以通过随后的“修正”参数进行长度修正。若不进行随机纺纱，用户可将最大值和最小值设置成相等的数值。

注意，基纱长度一般不低于50mm，竹节长度也不低于50mm，竹节粗度大于1倍并且不大于4倍，纺竹节纱时锭速不宜过高。右下角“修正系数”是供纺纱号数理论与实际不符时进行号数修正之用，修正为正数时加大纺纱号数，为负数时缩小纺纱号数。

（4）有规律竹节纱设计。切换到如图11-6所示纱线工艺设置主界面中，竹节纱纺纱工艺选择有规律竹节纱，如图11-8所示。点击“规律设计”，本系统允许用户自行定义最大限度为50组竹节纱工艺，循环数为1～50。如图11-9所示，用户根据需要输入循环长度、各段基纱长度、竹节粗度、竹节长度即可。“相等”按钮是为了方便客户输入，点击后自动等于图11-7中的基纱长度最大值和最小值的平均值“随机”按钮，也是以最大值和最小值之间随机抽样得到的一组随机数；同样，竹节粗度、竹节长度也是按这一种模式产生数据。点击“下一页”进入竹节粗度设计，再点击“下一页”进入竹节长度设计画面，点击“返回”，切换到如图11-7所示纱线设计菜单。

图11-8　选择有规律竹节纱

(a) 基纱长度规律设置

(b) 竹节粗度规律设置

(c) 竹节长度规律设置

图11-9　竹节纱规律设计

3. 开停机操作

（1）点动生头。先进行点动操作，按下控制面板上的黄色按钮启动，手松开则停车。不能长时间反复按此按钮，否则，电动机长时间单相运行容易烧毁。

（2）正常生产。等到能正常、连续地生产出竹节纱后，按下绿色按钮，电动机启动有一个缓冲慢速作用，超过所调时间后达到正常运转速度。

（3）如需要停车，按下红色按钮机器停止。停车信号发出后，减速过程中不可再次开车，完全停止后，方可开车。

（4）拔出细纱管，清理残余纱线，完成纺纱实验。

五、数据与分析

1. 有规律竹节纱设计

（1）基纱规律（表11–4）。

表11–4 有规律竹节纱的基纱规律

基纱细度/tex		捻度/（$T \cdot m^{-1}$）	
基纱长度/cm		规律循环	

（2）竹节规律（表11–5）。

表11–5 有规律竹节纱的竹节规律

一周期内规律设计	1	2	3	4	规律循环
竹节长度/cm					
竹节细度/tex					
竹节粗度					
竹节纱周期长度/cm					

2. 细纱机工艺参数设计

细纱机工艺参数设计见表11–6。

表11–6 细纱机工艺参数设计

粗纱线密度/tex		捻度/（$T \cdot m^{-1}$）	
基纱平均线密度/tex		竹节平均线密度/tex	
竹节纱线密度/tex		牵伸比	
钢丝圈号数		牵伸倍数	
车速/（$r \cdot min^{-1}$）		出条速度/（$m \cdot min^{-1}$）	
成品竹节纱效果描述			

实验12　花式纱线质量检验

一、实验目的与内容

（1）了解花式线的质量检验项目。

（2）掌握花式线的测量方法。

（3）了解工艺参数对花式线效果的影响。

二、实验设备与工具

直尺、游标卡尺、电子天平。

三、相关知识

1. 圈圈线

在生产圈圈线过程中，使芯纱罗拉变速就能生产间断毛圈。如生产大毛圈时，芯纱与饰纱送纱速度相差3倍，如果把芯纱速度提高3倍就与饰纱罗拉等速，生产出一段平线，如此间隔地变速就能使花式线的表面生成一段有圈圈、一段为普通平线的间断圈圈线。值得注意的是，这种线一般用在大圈圈产品中，使粗细之间反差明显才能收到较好的效果。对于间距的大小，规律与不规律（指每段之间的间距），应按照产品的实际需要而定。适纺线密度为100～300tex（10～3.3公支），可用于针织及粗梳呢绒（图12-1）。

2. 结子线

在花式线的表面生成一个个相对较大的结子，这种结子是在生产过程中由一根纱缠绕在另一根纱上而形成的。结子有大有小，结子与平线的长度也可长可短，两个结子的间距可大也可小。这种结子线一般可在双罗拉花式捻线机上生产。结子的间距一般以不相等为宜，否则会使织物表面结子分布均匀。结子所用的原料广泛，各种纱线均能应用。由于结子线在纱线表面形成结节，所以，原料一般不宜用得太粗，适纺范围为15～200tex（67～5公支）。结子线广泛用于色织产品、丝绸产品、精梳和粗梳毛纺产品及针织产品等。

图12-1　圈圈线实例

结子线的种类很多，按不同分类方式可分为纤维型和纱线型结子线，单色、双色、三色结子线，还有鸳鸯结子线和波形结子线等（图12-2）。

图12-2　结子线实例

3. 羽毛线

在钩编机上使纬纱来回交织在两组经纱间，然后把两组经纱间的纬纱在中间用刀片割断，纬纱直立于经纱上，成为羽毛线。羽毛的长短取决于两组经纱的间距，间距大则割开后的羽毛就长，反之则短。羽毛线有大羽毛线与小羽毛线之分，大羽毛线的羽毛长度在10mm以上，小羽毛线的羽毛长度在10mm以下。用作羽毛的经纱大都是涤纶或锦纶长丝，而纬纱则用光泽较好的三角涤纶或锦纶长丝，也有用有光黏胶短纤纱的。目前，羽毛线大都用于针织品和装饰品（图12-3）。

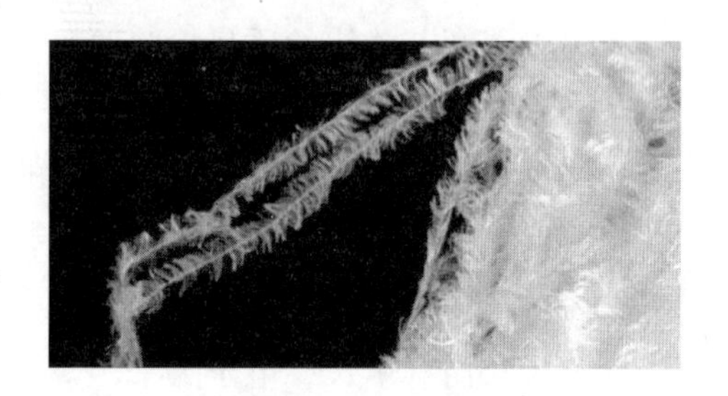

图12-3 羽毛线实例

4. 牙刷线

牙刷线是羽毛线的变形产品。羽毛线是整条线上均布满了羽毛，而牙刷线上为一段段的羽毛，恰似一把把的牙刷。其生产方法与羽毛纱近似，但使用的花板链条有所不同。羽毛线的纬纱一直在两组经纱间跳跃，属于连续衬纬；而牙刷线的纬纱是间隙衬纬，纬纱时而在两组经纱间跳跃，时而只在一组经纱之间做上下运动，到一定长度后再在两组经纱间跳跃形成一段衬纬，把这种线在中间割开，在衬纬处有好似牙刷的羽毛，而在没有衬纬处就没有羽毛，只有成套圈链状的经纱和纬纱，好似牙刷的柄（图12-4）。

图12-4 牙刷线实例

5. 竹节纱

竹节纱是在普通细纱机上另加装置，使前罗拉变速或停顿，从而改变正常的牵伸倍数，在正常的纱上突然产生一个粗节，像竹节一样，因而称为竹节纱。同理，也可使中后罗拉突然超喂，同样使牵伸倍数改变而生成竹节。目前，常用竹节纱的线密度为12～83tex（83～12公支），原料有纯棉、化学纤维混纺等，以短纤为主，也有中长型和毛型纤维等。竹节的长度一般不能小于纤维的长度，棉纤维的竹节长度较短，毛型纤维的竹节长度较长。竹节的粗度则视品种而定，最小的竹节比基纱粗1倍左右，用这种竹节纱和一根同特数的正常纱合并后制作服装面料，织物表面可呈现不规则的花纹。竹节比基纱粗4～5倍以上的竹节纱在使用时往往在外面再包上一根较细的纱或长丝，因为粗节与基纱的粗细相差太大，粗节处捻度很小，使这段纱不仅易发毛，而且强力低，包上一根纱后则可以克服这个缺点。用这种纱织成的织物，表面粗犷，风格独特；也有用这种纱再在花式捻线机上制成波形纱，由于粗节处的波形特大，形似玉米，所以又称爆米花纱（图12-5）。

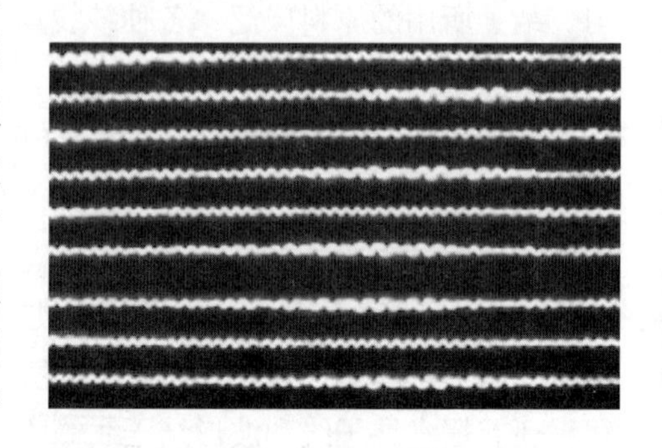

图12-5 竹节纱实例

四、任务实施

1. 圈圈线

（1）使用电子天平，用测长称重法测量圈圈线平均线密度。

（2）使用游标卡尺，测量10个圈圈线上的毛圈直径，取平均值。

（3）在圈圈线上取10cm，数出毛圈数量，得出圈密（圈/10cm）。

（4）观察圈圈线上有无毛圈对折、饰纱滑移的情况，检验成形质量。

2. 结子线

（1）使用电子天平，用测长称重法测量结子线平均细度。

（2）使用游标卡尺，测量结子线若干处结子长度、直径及平线长度、直径，求平均值、均方差。

3. 羽毛线

（1）使用电子天平，用测长称重法测量羽毛线的平均线密度。

（2）使用游标卡尺，测量羽毛线的羽毛高度。

（3）在羽毛线上数出单位长度（1cm）内羽毛的根数，得出衬纬密度（根/cm）。

4. 牙刷线

（1）使用电子天平，用测长称重法测量牙刷线的平均线密度。

（2）使用游标卡尺，测量牙刷线的羽毛高度。

（3）在牙刷线上数出单位长度（1cm）内羽毛根数，得出衬纬密度（根/cm）。

（4）使用直尺测量衬纬长度（mm）、平线长度（mm）。

5. 竹节纱

（1）使用电子天平，用测长称重法测量竹节纱的平均线密度。

（2）使用游标卡尺，测量竹节纱竹节平均直径、基纱平均直径。

（3）使用切断称重法来检定竹节的粗度，即取相同长度的竹节部分和基纱部分，分别称重，竹节重量与基纱重量之比即为粗度。

（4）使用直尺测量竹节纱竹节平均长度、基纱平均长度。

五、数据与分析

1. 圈圈线特征参数

圈圈线特征参数见表12-1。

表12-1　圈圈线特征参数

	芯纱	饰纱	固纱
品种			
细度			
捻度			
超喂比			
结子平均细度			
摆杆速度/（$m \cdot min^{-1}$）			

2. **结子线特征参数**

结子线特征参数见表12-2。

表12-2　结子线特征参数

<table>
<tr><td colspan="2"></td><td colspan="2">芯纱</td><td colspan="2">饰纱</td><td colspan="3">固纱</td></tr>
<tr><td colspan="2">品种</td><td colspan="2"></td><td colspan="2"></td><td colspan="3"></td></tr>
<tr><td colspan="2">细度</td><td colspan="2"></td><td colspan="2"></td><td colspan="3"></td></tr>
<tr><td colspan="2">捻度</td><td colspan="2"></td><td colspan="2"></td><td colspan="3"></td></tr>
<tr><td colspan="2">超喂比</td><td colspan="2"></td><td colspan="2"></td><td colspan="3"></td></tr>
<tr><td colspan="2">结子平均细度</td><td colspan="2"></td><td colspan="2"></td><td colspan="3"></td></tr>
<tr><td colspan="2">摆杆速度/（m·min^{-1}）</td><td colspan="2"></td><td colspan="2"></td><td colspan="3"></td></tr>
<tr><td></td><td colspan="4">长度</td><td colspan="4">直径</td></tr>
<tr><td></td><td>1</td><td>2</td><td>3</td><td>平均值</td><td>1</td><td>2</td><td>3</td><td>均方差</td></tr>
<tr><td>结子</td><td></td><td></td><td></td><td></td><td></td><td></td><td></td><td></td></tr>
<tr><td>平线</td><td></td><td></td><td></td><td></td><td></td><td></td><td></td><td></td></tr>
</table>

3. **羽毛线特征参数**

羽毛线特征参数见表12-3。

表12-3　羽毛线特征参数

	经纱	纬纱	
		纬纱1	纬纱2
纱线种类			
纱线线密度/tex			
经纱针距/mm		—	—
羽毛线花形设计	经梳	纬梳1	纬梳2
花形编织符号			
羽毛高度/mm			
羽毛线平均线密度/tex			
衬纬密度/（根·cm^{-1}）			

4. **牙刷线特征参数**

牙刷线特征参数见表12-4。

表12-4　牙刷线特征参数

	经纱	纬纱	
		纬纱1	纬纱2
纱线种类			
纱线线密度/tex			
经纱针距/mm			

续表

	经纱	纬纱	
		纬纱1	纬纱2
羽毛线花形设计	经梳	纬梳1	纬梳2
花形编织符号			
羽毛高度/mm			
羽毛线平均线密度/tex			
衬纬密度/（根·cm^{-1}）			

5. **竹节纱特征参数**

竹节纱特征参数见表12–5。

表12–5　竹节纱特征参数

竹节纱平均线密度/tex		周期循环长度/mm	
捻度/（$T·m^{-1}$）及捻向		竹节平均长度/mm	
竹节平均粗度		竹节平均直径/mm	
基纱平均线密度/tex		基纱平均长度/mm	

实验13　单纱上浆工艺设计

一、实验目的与内容

（1）了解单纱上浆机的工作原理和纱线工艺流程。

（2）了解单纱上浆机的结构和主要部件的作用。

（3）掌握单纱上浆机的操作步骤。

二、实验设备与工具

GA392型电子式单纱上浆机、接触式线速度仪、机械式张力仪。

三、相关知识

1. **单纱上浆机结构与用途**

GA392型电子式单纱上浆机由控制部分和机械部分组成。控制部分：能控制浆纱速度并电子计长计速的单锭变频器；能控制烘房温度的测温头、温控表以及气动式蒸汽截止阀（蒸汽加热）或固态继电器（电加热）。机械部分：由上浆系统、供浆系统、烘干系统、储纱装置、成筒装置等几个系统组成。单纱上浆机的结构如图13–1所示。

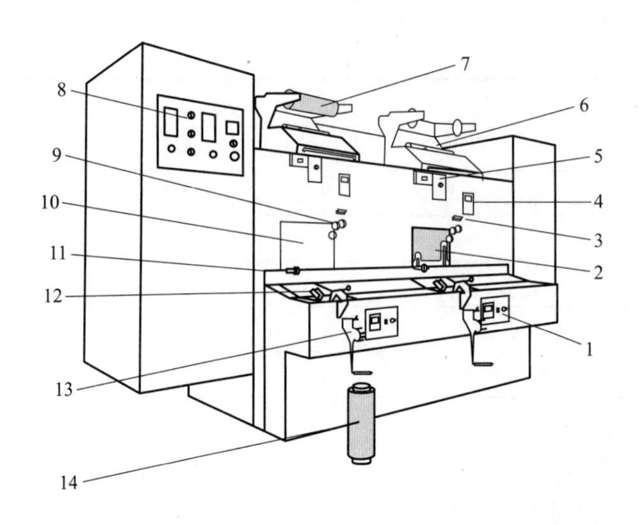

图13-1 GA392型电子式单纱上浆机示意图

1—浆槽温控器 2—烘房门 3—断纱检测器 4—单锭控制盒 5—速度控制旋钮、超喂率控制器 6—滚筒卷绕机构 7—30cm圆柱形筒子 8—主控面板 9—导纱滑轮组 10—烘房 11—压浆辊 12—浆槽 13—导纱瓷钩 14—原纱筒

纱线浆纱的目的是赋予经纱抵御外部复杂机械力作用的能力，提高经纱的可织性，保证织造过程顺利进行。因此，单纱上浆机的主要用途就是将单筒单根纱线引入浆槽的浆液中，经过浸没与挤压作用，浆液给纱线以适当的浸透与被覆，从而达到上浆的要求，浆纱经烘燥后被卷绕到成筒装置上。

不同纤维、不同纱线对上浆率和浆液的浸透与被覆有不同要求。例如，长丝上浆重在浸透，使纤维抱合；毛纱、麻纱上浆侧重被覆，使纱身光洁、毛羽贴伏；棉纱上浆则两者兼顾，其中细特棉纱上浆率高于粗特棉纱。因此，上浆过程要根据具体上浆对象严格控制上浆率，合理分配浸透和被覆比例。上浆率波动，浸透与被覆比例不当，会对织造产生严重影响。

2. **上浆工艺设计**

（1）上浆速度。上浆速度决定了浆膜厚度。浆纱速度对上浆率的影响由两方面因素决定：一方面，速度快，压浆辊加压效果减小，浆液液膜增厚，上浆率高；另一方面速度快，纱线在挤压区中通过的时间短，浆液浸透距离小，浸透量少。过快的浆纱速度引起上浆率过高，形成表面上浆；而过慢的速度则引起上浆率过低，纱线轻浆起毛。现代化浆纱机都具有高速、低速的压浆辊加压力设定功能，高速时压浆辊加压力大，低速时压浆辊加压力小。在速度和压力的综合作用下，液膜厚度和浸透浆量维持不变，于是上浆率、浆液的浸透和被覆程度基本稳定。

浆纱速度还与挤压前的浸没辊浸浆时间有关。速度快，浸浆时间短，对挤压前的纱线润湿和吸浆不利。

（2）上浆温度。上浆温度影响浆液的黏度。温度升高，分子热运动加剧，浆液流动性能提高，表现出黏度下降。浆液温度的变化通过黏度的变化对浆纱上浆率和浆液的浸透与被覆程度产生影响。上浆温度过高或过低会带来由黏度过低或过高所产生的弊端。对于部分表面存在拒水性物质（油、蜡、脂）的纤维，浆液温度的提高有利于浆液对纤维的润湿和黏附，影响上浆率的变化。

上浆温度取决于纤维的种类和浆料特性，表13-1为各种纤维的上浆温度。

表13-1 各种纤维的上浆温度

纤维种类	浆料种类	上浆温度/℃
黏胶丝、铜氨丝	骨胶、CMC浆	60 ~ 75
黏胶丝、铜氨丝	PVA、丙烯酸类浆	50 ~ 60
涤纶、锦纶	丙烯酸类浆	室温
醋酯丝	PVA	40 ~ 50
柞蚕丝	骨胶、CMC混合浆	45 ~ 50

（3）压浆辊的加压强度。压浆辊的加压强度就是挤压区内单位面积的平均压力。加压强度提高，则挤压区液膜厚度减小，上浆率下降，浆液浸透增多，被覆减少。过大的加压强度会引起浆纱轻浆起毛；过小的加压强度则纱线上浆过重，并且会形成表面上浆。

压浆辊加压强度取决于丝线结构。表13-2为压浆辊的加压强度与丝线结构关系。

表13-2 压浆辊的加压强度与丝线结构关系

丝线结构		压浆辊加压强度
捻度/（$T \cdot m^{-1}$）	线密度/dtex	加压强度/（$kgf \cdot cm^{-2}$）
无	33 ~ 82.5	1.4 ~ 1.6
无	110 ~ 275	1.6 ~ 2
300以下	82.5 ~ 110	2 ~ 3
加工丝		在上列数据上再增加0.5

注 $1Pa=1N/m^2$，$1kgf=10^5Pa$。

加捻丝线结构紧密，可以增加压浆辊压力以促进浆液渗透；加工丝则由于结构较松，存在较大的空间从而吸取了较多的浆液，因此，应增加压浆辊压力压出多余的浆液。

（4）烘燥温度。烘燥温度必须考虑浆纱遇热的性能变化和浆丝回潮率要求。

烘燥温度应考虑纤维的软化点温度。锦纶丝的软化点为180℃，合适的烘燥温度为120℃；涤纶丝的软化点为240℃，合适的烘燥温度为130℃。加工丝在假捻工序中的定型温度为180 ~ 200℃。如果烘燥温度过高，就有可能使丝线失去蓬松性。因此，一次热定型加工丝的最高烘燥温度应为120℃，但二次热定型加工丝易受温度影响，其最高烘燥温度应为110℃。黏胶丝则不适宜高温加工，烘房温度以100℃为宜。

浆纱与烘筒表面接触进行烘燥，浆丝的拉伸或热收缩使丝线与烘筒表面产生摩擦，浆膜受损。此外，烘燥后的浆膜在高温下会软化，产生黏结。因此，烘筒温度必须低于热风烘房的温度10℃以上。

（5）张力与超喂率。浆纱在烘燥区内由湿态转变为干态，干态和湿态条件下纱线的拉伸特性不同。干态条件下，纱线可以承受一定的拉伸作用，并且拉伸后的变形也容易回复。但是，纱线在湿热状态下拉伸会引起不可回复的永久变形，使纱线弹性损失，断裂伸长下降。纱线的永久变形程度与所受的张力大小和作用时间成正比，因此，烘燥过程中要尽量减小对湿浆丝的拉伸作用，同时，避免由于浆纱自重，或张力过小，使浆纱在通过烘燥区时，产生过分松弛而使相邻纱线粘着在一起。

四、任务实施

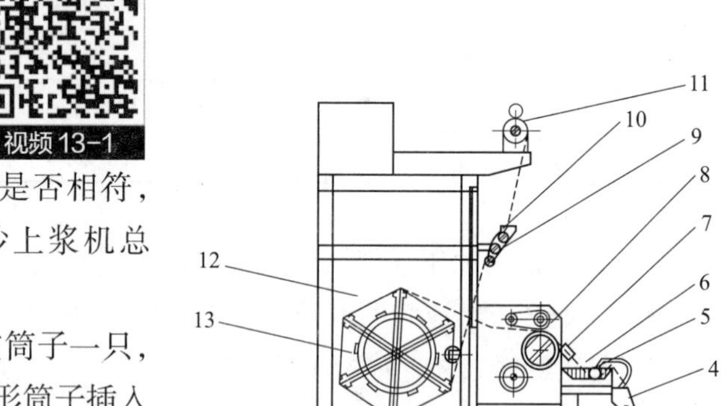

实操见视频13-1。

1. **准备工作**

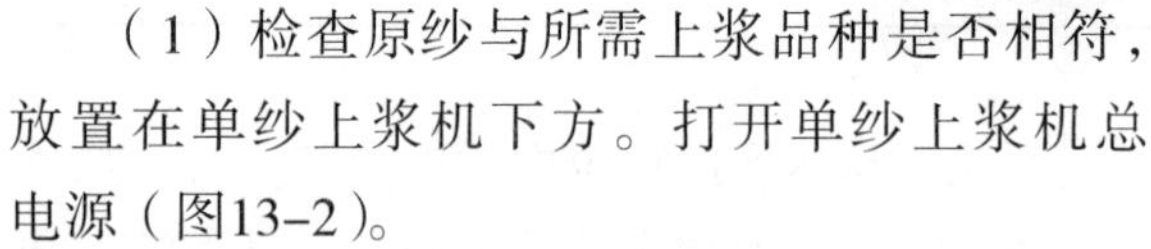

（1）检查原纱与所需上浆品种是否相符，放置在单纱上浆机下方。打开单纱上浆机总电源（图13-2）。

（2）取长度为300mm的圆柱形空筒子一只，搬开卷绕机构上的筒锭握臂，将圆柱形筒子插入锭座，合拢筒锭握臂，扳下筒锭握臂的支撑架，使筒子与卷绕机构上的滚筒接触。

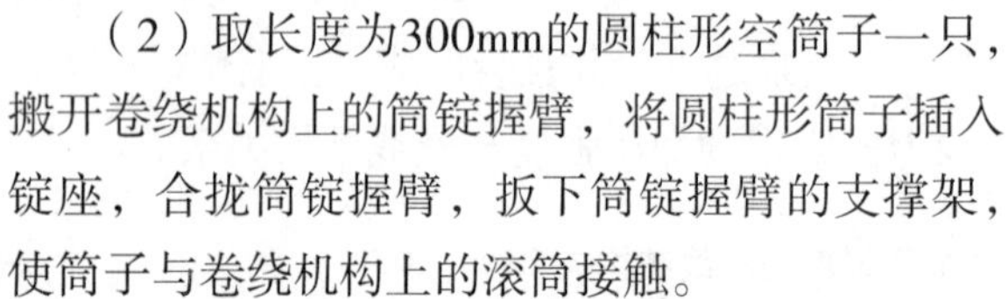

（3）打开烘房门，清理缠绕在烘房内绕纱转笼上的残余纱线。清洗干净浆槽上的残余浆液，并保持浆槽清洁干燥。

图13-2　单纱上浆机穿纱示意图
1—原纱筒　2—纱线　3—导纱瓷座　4—张力调节器　5—压纱辊轮　6—浆槽　7—刮浆板　8—压浆辊　9—导纱滑轮组　10—断纱检测器　11—卷绕机构　12—烘房　13—绕纱转笼

（4）放置纱线。将纱线2从原纱筒1上引出，穿过导纱瓷座3、张力调节器4以及导纱瓷钩，进入浆槽6；纱线从浆槽压纱辊轮5底部穿过，通过浆槽、刮浆板7和压浆辊8（无压浆辊时，无此项）以及吸水海绵，然后进入烘房12；打开烘房门，把纱线绑紧在烘房绕纱转笼13最左端的固定螺母上；按单锭控制盒上的“绕纱”键，使设备运转；当纱线运行至转笼设定圈数时，转笼会自动停车；把转笼上的线头找到，从排线最右边牵出，通过导纱滑轮组9、断纱检测器10，再经导纱器绕到卷绕机构11上。

2. **单锭控制盒设置**

单锭控制盒用于设置和监控烘房内转笼的转动工艺参数，如图13-3所示，在单锭控制盒中设定转笼绕纱圈数。先按“←”，同时按下“复位”键，当“绕纱”下方的指示灯亮起时，再松开“复位”键，看显示器上的数字，按“←”“↑”及“清零”调整到设定数字（一般设为320圈），最后再按“复位”。在单锭控制盒中设定绕纱长度。先按“↑”，同时按

图13-3　单锭控制盒界面

下“复位”键，当“定长”下方的指示灯亮起时，再松开“复位”键，看显示器上的数字，按“←”“↑”及“清零”调整到设定数字（一般设为320圈），最后再按“复位”键。

在转笼绕纱状态下，单锭控制盒显示器上左边的数字代表设定圈数，右边的数字代表实际转动圈数。当实际转动圈数等于设定圈数时，烘房内转笼自动停止转动。

3. **温度设定**

温度设定包括浆槽温度、烘房内烘燥温度、排湿时间等。打开主控面板上的排湿、加热、烘房、风机开关，如图13-4所示。

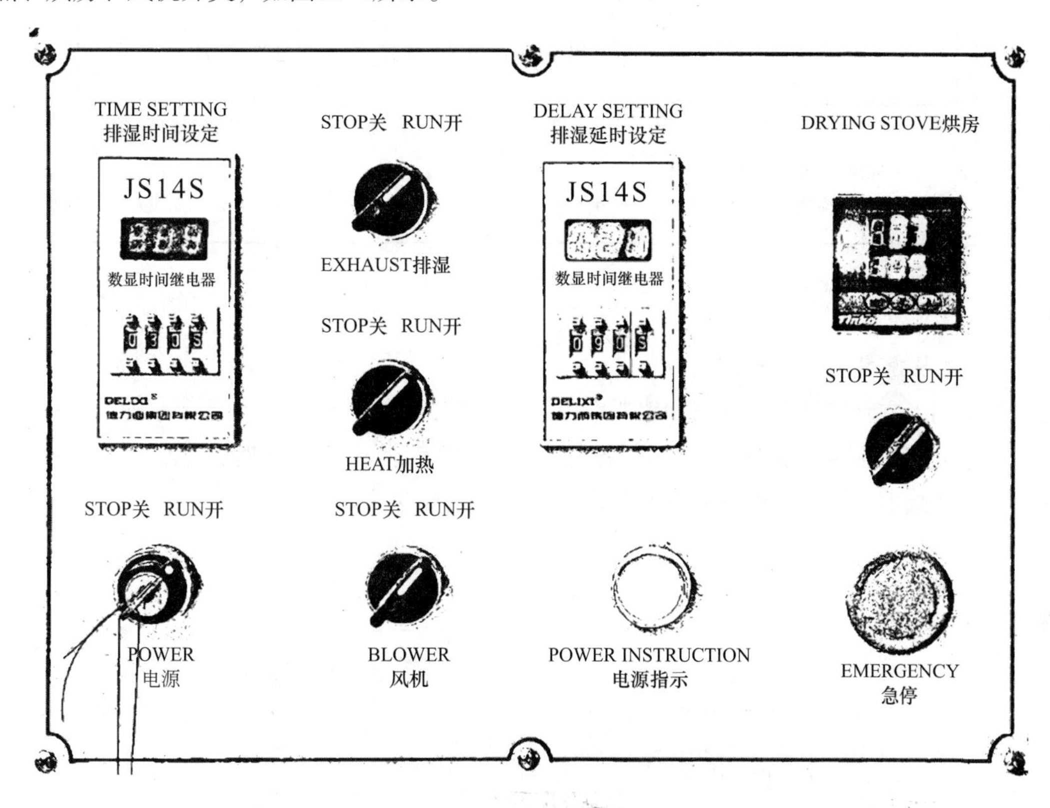

图13-4 主控面板界面

（1）排湿时间和排湿延时设定。在主控面板上有排湿时间、排湿延时设定的操作界面。界面下方为按钮设定，上方显示设定值。其中最右排的按钮H、M、S分别代表小时、分钟、秒。拨动按钮改变排湿时间和排湿延时时间。

（2）浆槽温度的设定。在浆槽温控仪中进行设定，如图13-5所示。浆槽温度由放置在浆槽内的温度感应器监控。在浆槽温控仪中按“SET”，显示器数字闪烁，再按“↑”或“↓”调节，直至所需预定浆槽温度，再按“SET”，显示器数字停止闪烁，并转至当前浆槽温度开始加热。

（3）烘房温度设定。在主控面板中设定烘房预定温度，显示器下一行显示预定温度，上一行显示当前实际温度。在烘房温控仪中按“SET”，再按“↑”或“↓”进行设置调节，直至理想值为止，完成后再按“SET”，烘房开始升温。

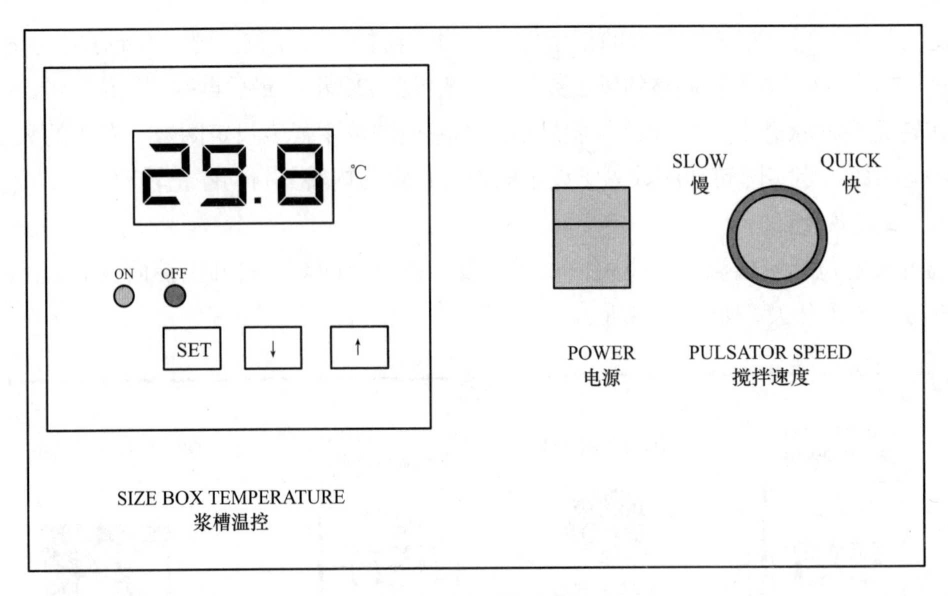

图13-5 浆槽温控仪界面

4. 上浆速度与张力设定

烘房门上方有速度控制旋钮和超喂率控制器（图13-6），分别用于设置上浆速度和张力。

上浆速度控制旋钮采用无级变频调速，旋钮顺时针转动则上浆速度增大，逆时针转动则上浆速度减小。上浆速度的精确测量需要用接触式测速仪测试。

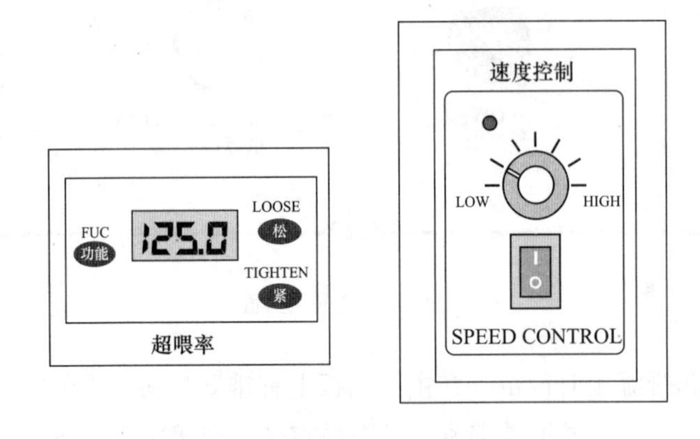

图13-6 速度控制旋钮、超喂率控制器

纱线张力由超喂率控制器控制，纱线在烘房转笼的速度与纱线在卷绕机构的速度形成超喂。超喂率控制器显示100时，说明转笼速度与卷绕速度相等。当纱线张力或松或紧时，可按超喂率控制器上的“紧”或“松”按钮。按“紧”按钮，超喂率控制器显示数值增加，超喂率增大，张力增大；按“松”按钮，超喂率控制器显示数值减小，超喂率减小，张力减小。

5. 开机操作

（1）正式上浆前先进行试运行。浆槽内不放入浆料，烘房和浆槽不升温。检查纱线在上浆机内的运行线路，退解纱线、卷绕纱线过程是否顺利以及各工艺参数的设置情况等。

（2）按动单锭控制盒上的“绕纱”按钮，上浆机启动。检查纱线在运行中张力是否正常，如有断纱应及时停止，接好断头后重新调整超喂率，以改变纱线张力。直到纱线在试运行时不再断纱。

（3）将浆料倒入浆槽，浆料应没过压纱辊轮下的纱线。打开浆槽温控开关，开始加热浆槽温度。打开主控面板上的排湿、加热、烘房、风机开关，烘房开始升温。关闭烘房门。

（4）烘房温度、浆槽温度达到预定温度后，按“绕纱”按钮，使转笼和卷绕机构运转，开始正式上浆。

6. 停车要点

（1）当上浆纱线达到所需量时，按“绕纱”按钮，上浆机停止运转。

（2）当上浆机完全停止后，抬起筒锭握臂，取出卷绕筒子。

（3）关闭各个控制器开关，关闭上浆机总电源。打开烘房门散热，清洗浆槽内残余浆液，清理残余纱线，完成实验。

7. 上浆工艺测量

（1）测量上浆速度。使用接触式线速度测量仪，在上浆机运转时，将测量仪接触接头紧靠卷绕纱筒表面，使接触接头随卷绕纱筒表面一起转动，测量仪屏幕即显示速度数值（m/min）。

（2）测量卷绕张力。

（3）测量压浆辊加压压力。GA392型电子式单纱上浆机采用弹簧加压压浆的方式，根据弹簧拉伸长度与其所受力成正比的原理，用直尺测量出弹簧的原长和压缩后的长度，算出形变量，再根据$F=kx$，得出压浆辊加压压力。

（4）测量浆液黏度。使用小型转筒式黏度计测量浆料黏度，将黏度计回转子浸入浆槽的浆料中，读出黏度（Pa·s）。

五、数据与分析

1. 浆液和原料（表13-3）

表13-3　浆液和原料品种

纱线品种		纱线细度/tex	
浆料种类		浆料浓度/（$g\cdot L^{-1}$）	
调浆温度/℃		调浆时间/min	
浆料黏度/(Pa·s)			

2. 上浆工艺设计（表13-4）

表13-4　上浆工艺设计参数

上浆温度/℃		烘燥温度/℃	
排湿时间/s		排湿延时时间/s	
上浆速度/（$m\cdot min^{-1}$）		超喂率/%	

续表

卷绕张力/cN		压浆辊压力/cN	
上浆丝体积/cm^3		上浆丝重/g	
上浆丝长/m		卷绕密度/（$g·cm^{-3}$）	
理论产量/（$kg·h^{-1}$）		上浆效率/%	
分析和讨论		压浆辊压力（cN）	

实验14　浆纱质量检验

一、实验目的与内容

（1）了解浆纱的质量检验项目。

（2）掌握上浆率的测量方法。

（3）掌握上浆工艺对浆纱性能的影响。

二、实验设备与工具

电子天平、烘箱、电子强力仪、显微镜、纱线毛羽测试仪。

三、相关知识

1. 浆纱质量

浆纱质量对织造效果具有至关重要的作用，浆纱质量（广义概念泛指上浆效果）的优劣以其可织性来评价，目前，检验内容有浆纱内在质量、浆轴卷绕质量、浆纱原因织造断头、浆纱疵点千匹开降率等。其中，“浆纱内在质量”也简称浆纱质量（狭义概念，特指所浆纱线的质量），通常在上浆过程中进行测试或在上浆后立即取样测试。

2. 浆纱内在质量

目前，对浆纱内在质量通常检验以下指标：上浆“三率”（上浆率、伸长率、回潮率）及其合格率、浆纱增强率和减伸率、浆纱耐磨次数和浆纱增磨率、浆纱毛羽指数和毛羽降低率、浆膜完整率、落物率（分浆纱和织造的落浆率和落棉率）等。它们分别从不同侧面反映了浆纱的质量。

3. 织轴卷绕质量

织轴卷绕质量，简称织轴质量，其指标主要有墨印长度、卷绕密度、织轴好轴率、织轴开口清晰度等。墨印长度不合格将造成坯布码长不合格，产生长短码疵布。织轴卷绕密度应适当，过大时纱线弹性损失严重，过小则会出现卷绕成形不良、织轴容量过小。织轴好轴率比较综合地反映织轴的卷绕质量。织轴开口清晰度一般为专题检查项目，多在织造工艺优选或调整时检验。织轴开口清晰度也受上轴和吊综质量的影响。

4. 上浆率

上浆率是反映经丝上浆量的指标，是一项十分重要的浆丝质量指标。上浆率过大，会使丝线发脆，织造时断头增多、落浆增多，浆膜易堵塞综眼和筘眼，导致织造工艺恶化；反之，上浆率过小，经丝经不起摩擦，易于起毛，经丝断头增多，容易造成织疵。

上浆率是经丝上浆后所增加的干重对上浆前经丝干重的百分比，其计算公式如下。

$$S=\frac{G-G_0}{G_0}\times 100\%$$

式中：S——经丝上浆率；

G——上浆后经丝的干重，kg；

G_0——上浆前经丝的干重，kg。

经丝上浆率可通过计算法和退浆试验法得到。

（1）计算法。计算法是通过测得浆纱机上浆千米经纱所耗用的浆液重量来计算得到，其计算公式如下。

$$S=\frac{C\times W}{D\times m}\times 10^4$$

式中：W——浆千米经纱所耗用的浆液重量，g；

D——经纱线密度，dtex；

m——经纱总经根数；

C——浆液浓度。

或者，称重空轴和浆轴的重量来计算经纱上浆率。

（2）退浆试验法。取相同重量（2g）的原丝和浆丝试样，烘干后冷却称重，测得纱线干重。然后根据黏着剂的特性，在规定条件下进行精练退浆，把纱线上的浆液退净。将精练退浆后的试样放入烘箱烘干，冷却后称重，测得精练退浆后的纱线干重。最后计算上浆率。

$$\beta=\frac{B-B_1}{B}$$

$$S=\frac{G-G_1}{G}-\beta$$

式中：G——浆纱干重，g；

G_1——浆纱退浆后的干重，g；

B——原纱精练前的干重，g；

B_1——原纱精练后的干重，g；

β——浆丝毛羽损失率。

退浆试验的测定时间较长，操作也比较复杂，但以估计浆纱上浆率比较准确。计算法具有速度快、测定方便等特点，但部分数据存在一定误差，计算的浆纱上浆率不如退浆法准确。

5. 强伸性

经纱强伸性在上浆前后的变化以增强率和减伸率来表示，即经纱通过上浆后，断裂强力增大和断裂伸长率减小的情况，其增强率Z计算公式如下。

$$Z=\frac{P-P_0}{P_0}\times 100\%$$

式中：Z——浆纱增强率；

P——浆纱断裂强力，cN；

P_0——原纱断裂强力，cN。

减伸率ΔE的表达式如下。

$$\Delta E=\frac{\varepsilon-\varepsilon_0}{\varepsilon_0}\times 100\%$$

式中：ΔE——浆纱减伸率；

ε——浆纱断裂伸长率，%；

ε_0——原纱断裂伸长率，%。

断裂强力、断裂伸长率在单纱强力仪上进行测定。

6. **回潮率**

浆纱回潮率是浆纱含水量的质量指标，它反映浆纱烘干程度。浆丝的烘干程度不仅关系着浆纱的能量消耗，而且影响浆膜的性质（弹性、柔软性、强度、再黏性等），其计算公式如下。

$$w_j=\frac{G_1-G}{G}\times 100\%$$

式中：w_j——浆纱回潮率；

G_1——浆纱含水重量，g；

G——浆纱干重，g。

浆纱回潮率可使用烘干称重法测得，也可使用插入式回潮率测定仪测定。

7. **耐磨性**

耐磨性是纱线质量的综合指标，通过耐磨试验可以了解浆纱的耐磨情况，从而分析和掌握浆液和纱线的黏附能力及浆纱的内在情况，分析断经等原因，为提高浆纱的综合质量提供依据。浆纱耐磨次数能直接反映浆纱的可织性，是一项很受重视的浆纱质量指标。浆纱耐磨次数在纱线耐磨试验仪上测定，把浆纱固定在浆纱耐磨试验机上，根据浆纱的不同线密度施加一定的预张力，记录浆纱磨断时的摩擦次数，并计算50根浆纱耐磨次数的平均值及不匀率，作为浆纱耐磨性能指标。

为了比较浆纱后纱线耐磨性能的提高程度，可用浆纱增磨率M表示，按下式计算。

$$M=\frac{N_1-N_2}{N_2}\times 100\%$$

式中：M——浆纱增磨率；

N_1——50根浆纱平均耐磨次数；

N_2——50根原纱平均耐磨次数。

8. **毛羽指数**

浆纱表面毛羽贴伏程度以浆纱毛羽指数和毛羽降低率来表示。浆纱表面毛羽贴伏不仅能提高浆纱耐磨性能，而且有利于织机开清梭口，特别是梭口高度较小的无梭织机。

毛羽指数在纱线毛羽测试机上测定，它表示在单位长度纱线的单边上，超过某一投影长度的毛羽累计根数。上浆后浆纱对原纱毛羽指数的降低值与原纱毛羽指数之比的百分率称为浆纱毛羽降低率。对棉纱来说，毛羽长度一般设定为3mm以上，10cm长纱线内单侧长达3mm毛羽的根数称为毛羽指数，毛羽降低率M_j按下式计算。

$$M_j = \frac{R_1 - R_2}{R_1} \times 100\%$$

式中：M_j ——毛羽降低率；

R_1 ——原纱单位长度上毛羽长度达3mm的毛羽指数平均值；

R_2 ——浆纱单位长度上毛羽长度达3mm的毛羽指数平均值。

四、任务实施

1. 回潮率与上浆率（退浆法）的测量

（1）试样准备。取10段以上长度为10cm的浆纱和原纱，试样先进行预调湿，然后在温度为（20±2）℃，相对湿度为（65±3）%的环境下进行试验。

（2）仪器和工具。烧杯、玻璃棒、烘箱、玻璃干燥器、电子天平。

（3）实验试剂。硫酸（34%），稀碘液（用作淀粉的指示剂），甲基橙指示剂（用作酸的指示剂）、碘—硼酸溶液（用于检验PVA）、水。

（4）实验步骤。

①取样。取已预调湿10cm浆纱10段。

②称湿重。在天平上称纱样烘干重的重量G_1。

③烘干。将纱线放入烘箱中烘燥（105℃，约1.5h）。

④冷却。将纱样迅速放入玻璃干燥器中冷却15min。

⑤称纱线干燥后退浆前干重G。

⑥计算浆纱回潮率w_j。

⑦配退浆液。

a．硫酸退浆法：适用于以淀粉浆或以淀粉为主的混合浆的纱线退浆，不适用于黏胶纤维品种。烧杯中倒入700mL水，缓慢注入14mL稀硫酸。

b．清水退浆法：适用于纯PVA上浆的纱线退浆。烧杯中倒入700mL水。

⑧退浆。

a．硫酸退浆法：将烧杯放在电炉上加热至水沸腾，然后将纱样放入烧杯进行退浆，退浆过程中要用玻璃棒不断搅拌纱样，目的是保证退浆均匀以及将气泡释放以避免烧杯爆裂。

b．清水退浆法：将烧杯煮沸30～40min，然后用温水漂洗2～3min，再换水煮沸10min。

⑨检验。

a．硫酸退浆法：在退浆过程中用稀碘液指示剂滴在纱样上，如颜色呈蓝黑色或蓝色，说明浆料未退净；如颜色变为橙色（稀碘液本身的颜色）说明浆液已经退净。由于蒸发的作用，退浆过程中应补充水和硫酸。将退尽浆的纱样用水不断冲洗以去除残留的硫酸，用甲基橙指示剂检验，如果纱样呈红色，说明硫酸未洗净；如果颜色变为橙色（甲基橙的本色），说明硫酸已洗净。

b．清水退浆法：用碘—硼酸溶液检验浆液是否退净，如退净则显示黄色；如未退净，完全醇解PVA呈蓝绿色，部分醇解PVA呈绿转棕红色。

碘—硼酸溶液配制方法：取4%的硼酸1.5mL和浓度为0.01mol/L的碘溶液15mL，混合均匀后，储于棕色瓶中。

⑩将湿纱样放入烘箱烘至恒重（105℃，约2.5h）。

⑪将纱样取出，迅速放入玻璃干燥器中冷却15min。

⑫称退浆后干重G_1。

⑬计算退浆率。

2．浆纱增强率、减伸率测量

（1）试样准备。未上浆的原纱和上浆的纱线筒纱各一筒，试样先进行预调湿，然后在温度为（20±2）℃，相对湿度为（65±3）%的环境下进行试验。

（2）仪器和工具。电子单纱强力仪。

（3）预加张力。棉纱预加张力采用（0.5±0.1）cN/tex，化学纤维长丝预加张力采用（0.5103±0.01）cN/tex。试样夹持距离为500mm。

（4）实验步骤。

①按常规方法从卷装上退绕纱线。

②在夹持试样前，检查钳口使其准确地对正和平行，以保证施加的力不产生角度偏移。

③夹紧试样，确保试样固定在夹持器内，在试样夹入夹持器时施加预张力。

④点击红色启动按钮，电子单纱强力仪开始拉伸试验。

⑤记录断裂强力和断裂伸长率值。

⑥重复试验步骤①~⑤，直到规定的试验次数。

⑦在试验过程中，检查试样在钳口之间的滑移不能超过2mm，如果多次出现滑移现象应更换夹持器或者钳口衬垫。

舍弃出现滑移时的试验数据，并且舍弃纱线断裂点在距钳口5mm及以内的试验数据，但需记录舍弃数据的试样个数。

3．耐磨性测试

实操见视频14-1和视频14-2。

视频 14-1

视频 14-2

（1）试样准备。取未上浆的原纱和上浆的纱线筒纱各20根，每根长度30cm。试样先进行预调湿，然后在温度为（20±2）℃，相对湿度为（65±3）%的环境下进行试验。

（2）仪器和工具。LFY-109B型电脑纱线耐磨仪（图14-1）、细目砂纸、镊子、剪刀。

（3）实验步骤。

①开启计算机，启动耐磨仪，打开软件，检查耐磨辊上采用的砂纸是否合适（一般为

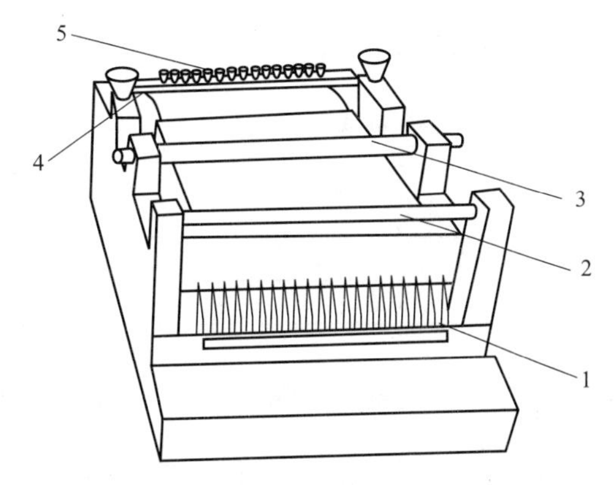

图14-1 LFY-109B型电脑纱线耐磨仪示意图
1—工位槽 2—前导纱杆 3—往复运动砂纸圆筒
4—后夹纱板 5—纱夹

1200～1500目），若有需要可以对其进行更换。

②从已上浆纱筒上取50根30cm的纱线，将它们固定在耐磨仪上。

③选好每一根纱线所对应的工位，在纱线的一端加上质量为30g的砝码，在此过程中尽量保持每一根纱线的砝码位置在同一水平位置，这样是为了确保每一根纱线受到的张力相同，从而尽量减少人为的误差。

④合上耐磨辊，使砂纸紧贴各个工位上的纱线。点击新实验开始，启动耐磨仪，直至所有纱线磨断，记录每个工位摩擦次数数据。

⑤换上20根未上浆纱线，重复步骤③、④，记录每个工位摩擦次数数据。

⑥关闭仪器，清理残余纱线。计算上浆纱线耐磨次数的平均值N_1、未上浆纱线耐磨次数的平均值N_2。

4. *纱线毛羽指数测试*

实操见视频14-3。

（1）试样准备。取未上浆的原纱和已上浆的纱线筒纱。试样先进行预调湿，然后在温度为（20±2）℃，相对湿度为（65±3）%的环境下进行试验。

（2）仪器和工具。YG171B-2型纱线毛羽检测仪（图14-2）、剪刀。

（3）实验步骤。

①仪器预热。打开电源开关，指示灯亮，使仪器预热10min。按“校正”按钮，然后按“测量”按钮，显示毛羽的标准“400”，表示仪器正常。

②按“测试”按钮，使仪器处于测试状态，选定测试片段长度10m，试验次数10次，测试速度。

③将已上浆纱筒插在管纱座上，从纱筒中引出纱线，通过导纱轮，经螺旋张力器并绕一周。纱线由定位轮A和定位轮B定位。此时，纱线需通过检测头中的支撑板，再经弹簧张力器，将纱线固定在绕纱器中的纱盘夹上。按电动机开关，进行测试。测试完毕，自动停机。

④读出测试结果，包括每次毛羽指数、总次数、总毛羽量、平均毛羽指数、标准差及标准变异系数。

⑤将未上浆纱筒插在管纱座上，重复上述实验，读出测试结果。

⑥清理残余纱线，关闭仪器，完成实验。

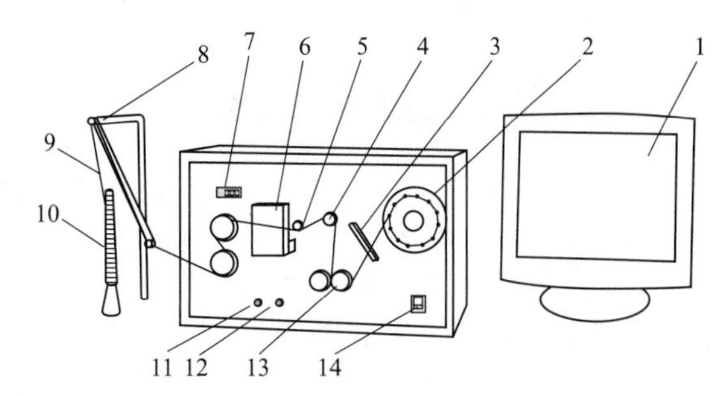

图14-2 YG171B-2型纱线毛羽检测仪
1—随机电脑 2—纱线卷绕器 3—纱线定位器 4—张力传感器
5—试样定位轮 6—光源发生器 7—数据显示屏 8—导纱轮
9—纱线 10—纱管 11—静电开关 12—罗拉离合
13—卷绕罗拉 14—电源开关

五、数据与分析

1. 原料和实验条件（表 14–1）

表14–1 原料和实验条件信息记录

纱线品种		线密度/tex		浆料品种	
上浆速度/（$m \cdot min^{-1}$）		浆料浓度/（$g \cdot L^{-1}$）		压浆辊压力/cN	

2. 回潮率、上浆率、强伸性、耐磨性、毛羽指数（表 14–2）

表14–2 回潮率、上浆率、强伸性、耐磨性、毛羽指数

项目		已上浆纱线	未上浆纱线
回潮率	含水重量G_1/g		
	干重G/g		
	回潮率w_j/%		
上浆率	上浆后干重G/g		—
	退浆后干重G_1/g		—
	上浆率S/%		
增强率	平均断裂强力/cN		
	增强率Z/%		
减伸率	断裂伸长/mm		
	减伸率ΔE/%		
耐磨性	平均摩擦次数		
	耐磨性M		
毛羽指数	平均毛羽指数	3mm	3mm
		4mm	4mm
		5mm	5mm
		6mm	6mm
		7mm	7mm
		8mm	8mm
	3mm毛羽降低率M_j/%		
分析和讨论			

注 要求列出原始数据、公式和计算过程。结果计算到两位小数，修约到一位小数。

3. 上浆效果横向比较（表 14–3）

表14–3 上浆效果横向比较

浆料浓度/（$g \cdot L^{-1}$）	C_1=		C_2=	
上浆速度/（$m \cdot min^{-1}$）	V_1=	V_2=	V_3=	V_4=
上浆率S/%				
增强率Z/%				
减伸率ΔE/%				
耐磨性M				
3mm毛羽降低率M_j/%				
分析和讨论				

实验15　整经工艺设计

一、实验目的与内容

（1）了解整经机的工作原理和工艺流程。

（2）了解硕奇单纱整经机的结构及主要部件的作用。

（3）掌握单纱整经机整经的操作步骤。

二、实验设备与工具

SW550型硕奇小型整经机、剪刀、胶带、50.8cm（20英寸）空经轴。

三、相关知识

1. SW550型硕奇小型整经机结构与用途

SW550型硕奇小型整经机由机械硬件部分和控制部分组成，如图15-1所示。

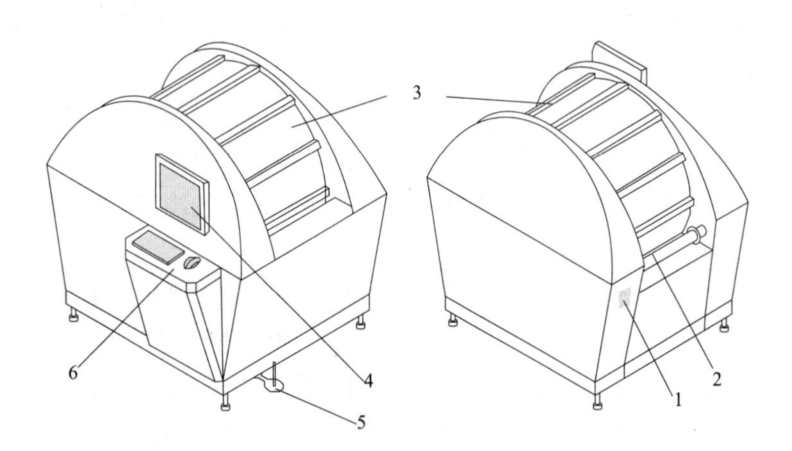

图15-1　SW550型硕奇小型整经机示意图

1—倒轴控制面板　2—经轴　3—绕纱筒　4—LCD屏幕　5—纱架　6—工作桌面

机械硬件部分由电源开关、紧急停止开关、绕纱筒、纱架、电控箱、经轴等组成。控制面板部分由工作桌面、LCD屏幕、倒轴速度控制面板、倒轴张力控制面板等组成。

整经是按照工艺设计的要求，将一定根数的经纱按规定的长度和幅宽排列顺序，以均匀的张力平行卷绕在织轴上的工艺过程。整经工序使经纱卷装由络筒筒子变成经轴或织轴。SW550型硕奇小型整经机可用于制作小样织布打样机所需的经轴，由计算机控制配合人员操作，可生产出最多可设置8种颜色的纱线、幅宽最宽达50.8cm的短码经轴。

2. 单纱整经工艺流程

SW550型硕奇小型整经机是单纱整经设备。整经机在启动时，导纱杆会回到初始位置，使用者将经纱放置好，绕纱筒开始转动整经，导纱杆会自动移动到设定的位置，整经过程是全自动的，断纱时会自动停车，在整完一个颜色或纱种后，计算机会指示换色，依指示换纱重复前述步骤，至卷绕根数达到工艺规定的根数时，完成所有的整经动作。经线依次排列卷绕在绕纱筒上，最后倒轴将绕纱筒上的纱线倒到空经轴上（图15-2）。

图15-2　SW550型硕奇小型整经机操作流程图

3. **单纱整经工艺设计**

（1）退解张力。整经退解张力是从原料筒退解到整经机绕纱筒上的张力。主要与原料线密度及种类有关，工艺控制应保证纱线退解张力均匀、适度，减少纱线伸长，避免片经抖动。退解张力可通过调整张力弹簧上的磁粉制动器，改变弹簧系数来调节。

一般线密度在55～77dtex时，标准张力设定为0.18～0.22cN/dtex；线密度在110～275dtex时，标准张力设定为0.13～0.18cN/dtex。

（2）卷绕张力。卷绕张力是整经机倒轴时，纱线卷绕到经轴上产生的张力。织轴卷绕张力与纤维种类、线密度、织物结构及密度、织机种类、浆料种类等因素有关。工艺设定主要应满足织轴卷绕成形良好及织轴达到一定硬度的要求。卷绕张力通过在倒轴机构上的无级变速器来控制。

（3）整经速度。整经速度可在整经机的速度范围内任意选择，一般情况下，随着整经速度的提高，纱线断头将会增加，影响整经效率。高速整经条件下，整经断头率与纱线的纤维种类、原纱线密度、原纱质量、筒子卷绕质量有着十分密切的关系，只有在纱线品质优良和筒子卷绕成形良好和无结纱时，才能充分发挥高速整经的效率。

新型高速整经机使用自动络筒机生产的筒子时，整经速度一般选用600m/min以上；滚筒摩擦传动的整经机的整经速度为200～300m/min。整经轴幅宽大，纱线质量差，纱线强力低，筒子成形差时，速度可设计得稍低一些。

（4）卷绕密度。经轴卷绕密度的大小影响经纱的弹性、经轴的最大绕纱长度和后道工序的退绕顺畅。经轴卷绕密度可由对经轴表面施压的压纱辊的加压大小来调节，同时还受到纱线线密度、纱线张力、卷绕速度的影响。卷绕密度的大小应根据纤维种类、纱线线密度等合理选择。

根据下式计算卷绕密度γ。

$$\gamma=\frac{G\times 10^3}{V}=\frac{4\times L\times N\times \mathrm{Tt}}{\pi\times H\times(D^2-d^2)\times 10^3}$$

式中：γ——卷绕密度，g/cm^3；

G——卷装经纱的净重，kg；
V——卷绕体积，cm^3；
L——卷绕长度，m；
N——经纱根数，根；
Tt——经纱线密度，tex；
H——经轴宽度，cm；
D——卷绕直径，cm；
d——轴管直径，cm。

四、任务实施

1．准备工作

（1）检查原纱与所整经品种是否相符。

（2）依照经纱排列设计将所需种类的经纱筒子放在单纱整经机下方纱架处。

（3）将空经轴固定在单纱整经机后方的倒轴区域。

（4）将单根纱线从纱筒中退绕出来，纱线依序穿过纱架、弹簧张力装置、整经导纱钩，并绑定在绕纱筒最左端的固定螺栓上，如图15–3所示。

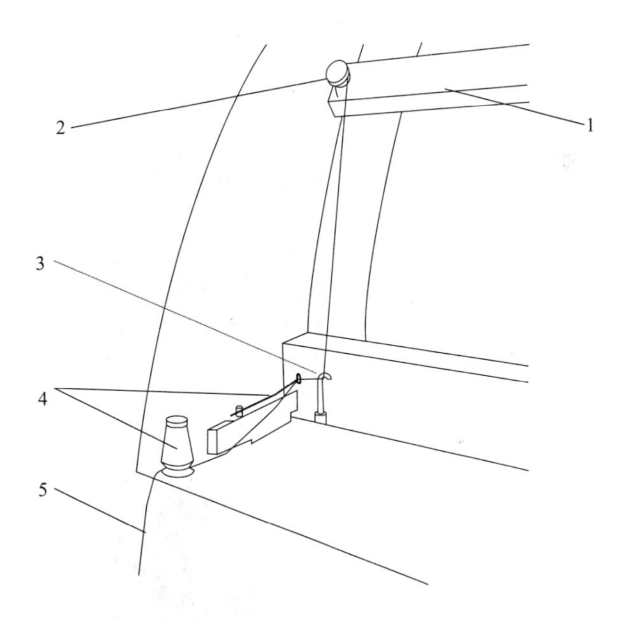

图15–3　单纱整经机穿纱示意图
1—绕纱筒　2—固定螺栓　3—导纱钩　4—弹簧张力装置　5—纱线

2．整经工艺设计

（1）在完成穿线准备工作之后，启动整经机主电源，系统会启动计算机，同时使所有传动设备处于准备状态。

（2）在Windows XP操作系统桌面上打开SEdit后，点击菜单栏的“档案”，选择“开新档案”即会出现对话框（图15–4），要求输入新设计纹板梭数、新设计的纬纱排列数及经纱排列数，上述参数有不需要的可设为0，本例中只将经纱排列数设为2000，意为设定整经经纱数2000根。

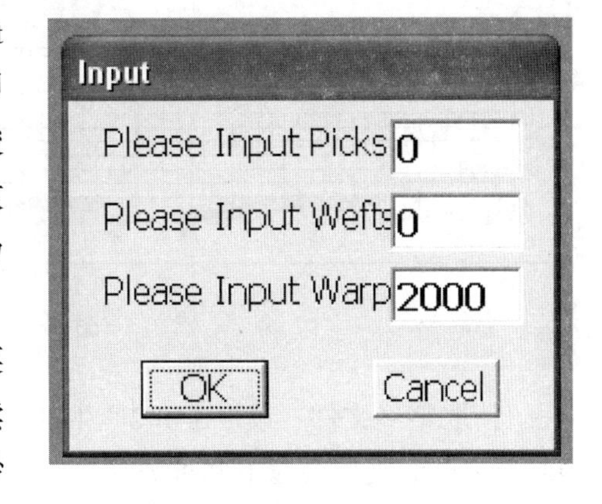

图15–4　SEdit软件启动对话框

（3）点击“OK”进入设计图纸界面，点选菜单中的画笔工具，在底部经纱排列示意图中连续画点（图15–5）。第一排10个点意为第一种颜色纱线整经根数为10根，第二排10个点意为第二种颜色

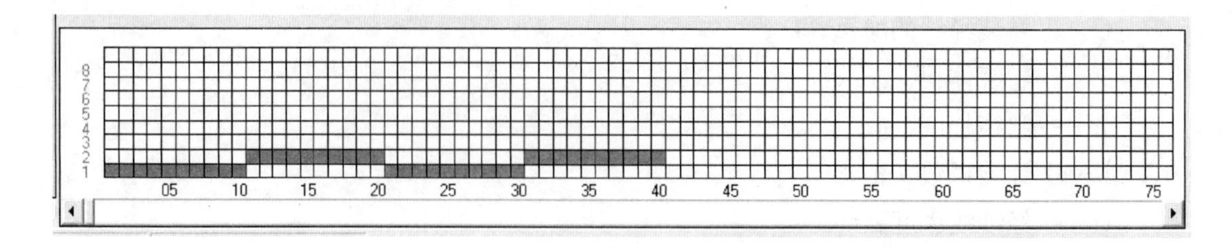

图15-5　在SEdit软件中设计经纱排列方式

纱线整经根数为10根，如此循环。SW550型硕奇小型整经机最多可设置8种颜色的纱线。点"SAVE"保存，后缀名为SF2。完成整经工艺设计。

3. **整经机参数设置**

（1）在Windows XP的桌面上找到Pretronic的图标双击，进入整经机操作系统画面，如图15-6所示。

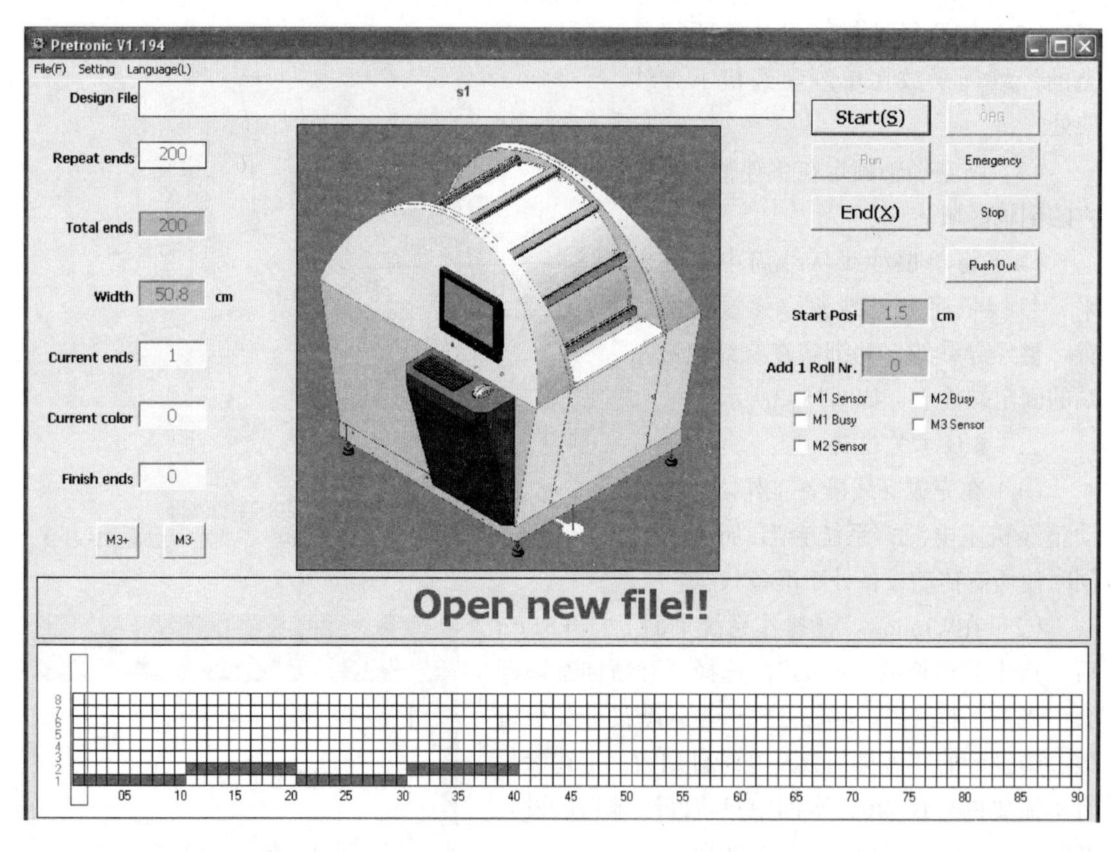

图15-6　Pretronic程序主界面

读取整经文件：读取Sedit2产生的SF2文件（Sedit2编辑程序的使用方法请参考设计应用实例），开启文件有以下两种方式。

第一种方式为在菜单栏用鼠标点选"File"（文件），点击"Open File"（开启文件），直接开启预设的文档浏览器，找到并选择所需文件完成读取工作。

第二种方式为直接于设计系统界面中浅蓝色框内点击鼠标左键打开文件。

（2）打开整经文件后，再设定整经参数，如总条数、经纱幅宽等，各参数说明如下。

Total Ends（总条数）：输入全部整经的条数（预设为2400条）。

Width（经纱幅宽）：输入经纱幅宽，单位为cm（预设为20英寸，50.8cm）。

Start Posi（整经起点）：设定开始整经与横动电动机（M2）归零点相对的位置，单位为cm。

Add 1 Roll Nr.（加圈条数）：设定同一色经纱与经纱间的间距，超过所设定条数时，整经时系统会自动加一圈，缺省为0。

（3）在相关参数设定完成后，系统即处于准备状态，即可依次序点击“Start”（开始）及“ORG”（归零）键，使整经导纱眼M1（纵向）、M2（横向）归零。

4. 开机操作

（1）完成经纱准备工作后即可点击“Run”（启动按钮），开始整经。

（2）当有多种经纱时，在一种经纱整经完毕后，系统停机指示更换经纱，操作者置换好下一次序的经纱后，再点击“Run”，整经机继续整经。

5. 倒轴操作

（1）当整经到指定根数后，整经机绕纱筒停止转动。

（2）点击“Push Out”（倒纱）按钮，系统会切换操控位置，操作者即可至整经机后方进行倒纱工作。

（3）在倒纱时先将压板安装在绕纱筒上，使经纱固定牢。

（4）在经轴上绑好卷绕布，然后小心横剪绕纱筒上的经纱，将经纱分几簇牢牢绑定在卷绕布上（图15-7）。

（5）启动整经机后方的卷绕按钮，经轴慢慢卷绕经纱。

（6）经轴倒纱完成后，外拉经轴左侧的拉梢卸除经轴，并关闭整经机界面操作程序及电源开关，完成整个整经过程。

6. 整经工艺测量

（1）退解张力。整经机绕纱筒运转时，放置单纱张力仪于弹簧张力装置与导纱眼之间的纱线上；注意在整经过程中，退解张力始终是一个波动值，因此，在读取张力仪数值时，读出指针摆动区的中点数值，即为检测纱线段内张力的平均值。

（2）卷绕张力。整经机在进行倒轴操作时，放置单纱张力仪于经轴与压板之间

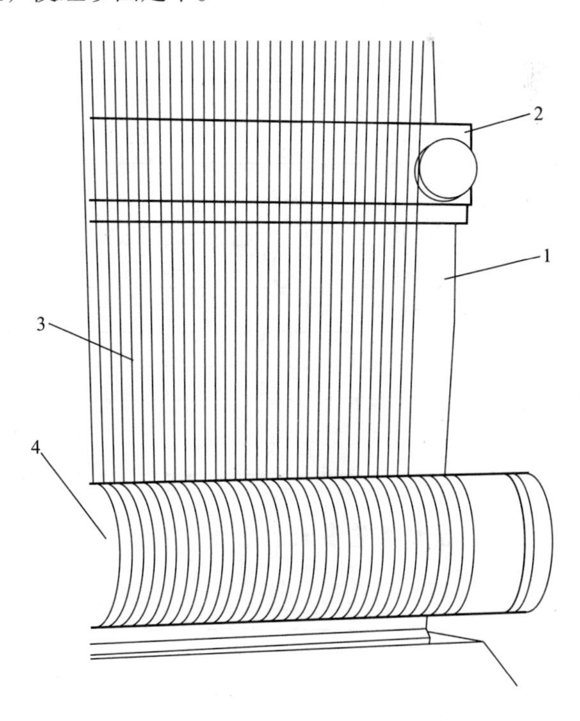

图15-7 单纱整经机倒轴示意图
1—绕纱筒 2—压板 3—经纱 4—经轴

的纱线上；注意在倒轴过程中，卷绕张力始终是一个波动值，因此，在读取张力仪数值时，读出指针摆动区的中点数值，即为检测纱线段内张力的平均值。

（3）整经速度。在绕纱筒运转时，使用接触式线速度仪测量整经速度（m/min）。接触式线速度仪接头与绕纱筒表面接触，接头转动方向和绕纱筒运转方向一致。

（4）卷绕密度。用直尺测量出空经轴的直径d（cm），经轴的宽度H（cm）；倒轴后，用直尺测量出满经轴的直径D（cm）；用直尺测量出绕纱筒的直径，求出卷绕长度L（m）。

根据下式计算卷绕密度。

$$\gamma=\frac{G\times 10^3}{V}=\frac{4\times L\times N\times \mathrm{Tt}}{\pi\times H\times(D^2-d^2)\times 10^3}$$

式中：γ——卷绕密度，g/cm³；

G——卷装经纱的净重，kg；

V——卷绕体积，cm³；

L——卷绕长度，m；

N——经纱根数，根；

Tt——经纱线密度，tex；

H——经轴宽度，. cm；

D——卷绕直径，cm；

d——轴管直径，cm。

五、数据与分析

1. 原料和整经工艺设计（表15-1）

表15-1 原料和整经工艺设计参数

	原料	细度	颜色
经线1			
经线2			
整经根数/根		整经幅宽/cm	
经纱排列示意图			

2. 整经工艺参数（表15-2）

表15-2 整经工艺参数

整经速度/（m·min⁻¹）		卷绕长度/m	
退解张力/cN		卷绕张力/cN	
经轴宽度/cm		卷绕直径/cm	
卷绕密度/（g·cm⁻³）		轴管直径/cm	

第二章

织造篇

实验16　织机运动规律与工艺参数

一、实验目的与内容

（1）了解挠性剑杆引纬原理。

（2）掌握综框、织口运动规律和测试方法。

（3）掌握卷取、送经运动规律和测试方法。

（4）掌握经纱张力规律和测试方法。

二、实验设备与工具

GA747型剑杆织机、机械实验测试仪、光栅角位移传感器、计算机、单纱张力仪、非接触式转速表、卷尺、水平直尺。

三、相关知识

1．综框运动规律

织机主轴每一回转，经纱形成一次梭口，其所需要的时间，称为一个开口周期。在一个开口周期内，经纱的运动经历三个时期，如图16-1所示。

（1）开口时期α_1。经纱离开综平位置，上下分开，直到梭口满开为止。

（2）静止时期α_2。梭口满开后，为使纬纱有足够的时间通过梭口，经纱要有一段时间静止不动。

（3）闭合时期α_3。经纱经一段时期的静止后，再从梭口满开的位置返回到综平位置。

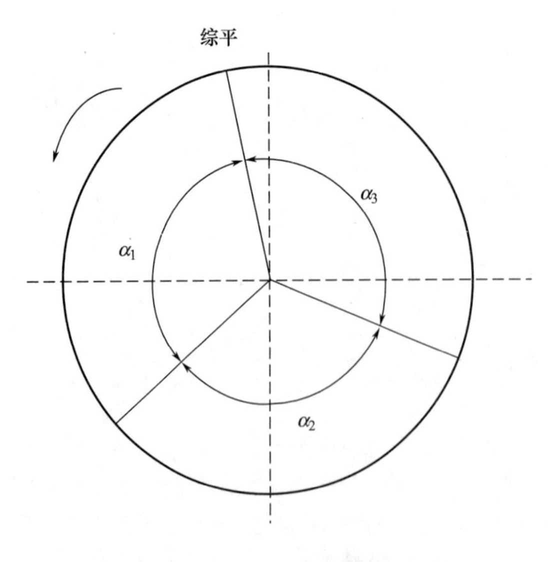

图16-1　织机工作圆图

综框运动规律表示综框在运动（闭口、开口）过程中的位移与织机主轴回转角ω_t之间的关系，它对经纱断头和织机振动都有较大的影响。常见的综框运动规律有简谐运动规律和椭圆比运动规律。随着织机速度的提高，多项式运动规律也得到了较多的采用。

2．织口运动规律

织物的形成并不是将刚纳入梭口的纬纱打向织口后即告完成，而是在织口处一定根数纬纱的范围内，继续发生着因打纬而使纬纱产生相对移动和经纬纱线相互屈曲的变化，只有在这个范围以外，织物才能获得基本确定的结构。也就是说，织物是在织物形成区内逐渐形成的。

在织物形成过程中，织口的前后移动如图16–2所示。

图中线段1～2为织口在钢筘推动下向机前方移动，它在纵坐标上的投影，称为打纬区宽度；而线段2～3为织口随钢筘向机后方向移动。由于织机工作区内存在着一定长度的经纱和织物，并且它们的刚度不同，往往在张力作用下织口移向后方，待下次打纬时再被迫推向前方。线段3～4是综框处于静止时期，织口的位移不大，由于经纱的放送，曲线略有波动，线段4～5为梭口闭合时期，经纱张力逐渐减小。线段0～1表示综平后梭口逐渐开启，经纱张力增大，织口向机后移动的情况。由此可见，织口的位移表示了经纱和织物张力的变化情况。

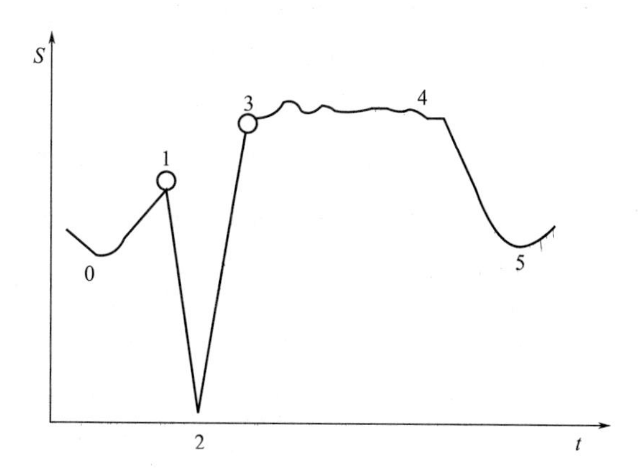

图16–2　织口的移动

在生产实际中，织口移动的大小，对织造工艺能否顺利地进行有很大的影响。如果织口前后移动，超过综丝在其支架上的前后摆动以及综丝发生弯曲变形的范围，那么，将产生纱线相对于综眼的移动；加上打纬时经纱通常具有最大张力，便引起综眼对纱线以摩擦功表示出来的较大的摩擦作用。织口移动越大，这种摩擦作用也越剧烈，在多次作用下，使粗细节处的纱线结构劣化，最后出现断头。为此，在工厂中，常以目测打纬区宽度的大小来判别所定有关工艺参数是否合理。

3. **综框、织口、卷取、送经运动规律测试原理**

综框、织口、卷取、送经的运动规律是织机在运转过程中，主轴带动各机构在运动过程中的位移、速度和加速度的变化规律，它对织物的质量、工艺的可行性有重要影响。主要表现在开口与引纬和打纬运动的配合、梭口开启清晰程度（关系到织疵形成）、经纱断头率、机器振动及噪声等方面。

织机运动规律测试系统由织机、光电编码器（光栅角位移传感器）、同步脉冲发生器、组合机构实验仪、计算机组成。如图16–3所示。

在织机运转过程中，织机的运动机构（如综框）的往复移动通过光电脉冲编码器（光栅角位移传感器）转换输出具有一定频率（频率与滑块往复速度成正比）、0～5 V电压的两路脉冲，接入微处理器外扩的计数器计数，通过微处理器进行初步处理运算并送入计算机

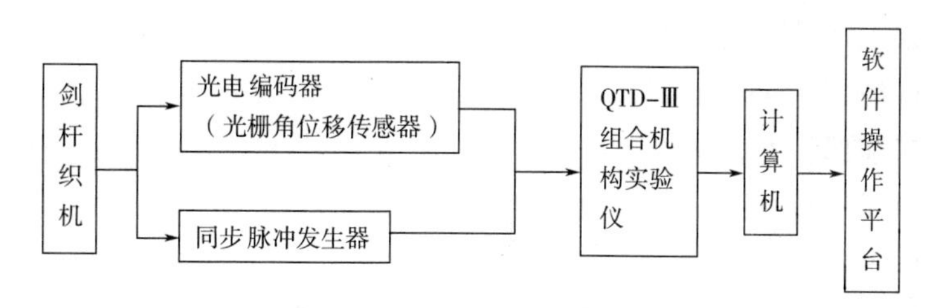

图16–3　织机运动规律测试系统

进行处理，计算机通过软件系统在屏幕上可显示出相应的数据和运动曲线图。织机运动机构的速度、加速度数值由位移经数值微分和数字滤波得到。

4. 经纱拉伸变形影响因素

开口过程中，经纱受到拉伸、摩擦（经纱与经停片、综丝、钢筘之间，经纱与经纱之间）和弯曲（在综丝眼处）等机械作用，容易引起断头。拉伸变形越大，经纱断头越多。

若不考虑送经和织物卷取过程的影响，并假设综平和梭口满开时织口B位于同一位置且梭口上半部和下半部的开口高度相等，开口过程中上下层经纱的拉伸变形λ_1、λ_2，可根据梭口的几何形状求得，如图16–4所示。

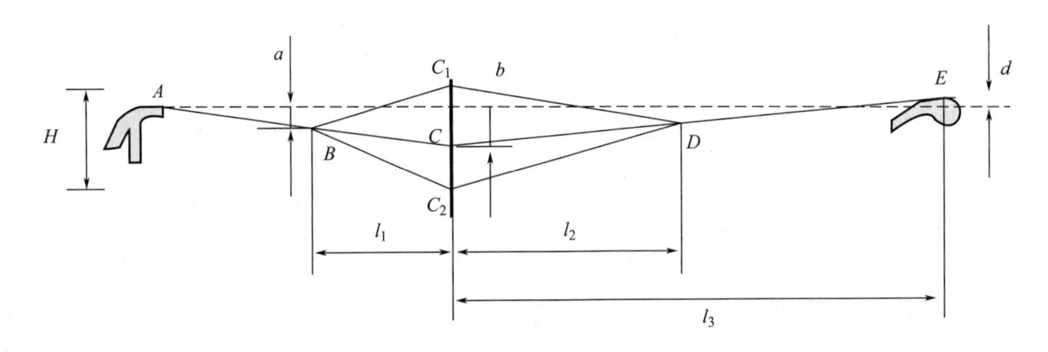

图16-4　梭口的几何形状

$$\lambda_1=BC_1+C_1D-BC-CD=\frac{H}{2l_1l_2}\left[\frac{l_1+l_2}{4}H-l_2(b-a)-\frac{l_1l_2}{l_3}(b+d)\right]$$

$$\lambda_2=BC_2+C_2D-BC-CD=\frac{H}{2l_1l_2}\left[\frac{l_1+l_2}{4}H+l_2(b-a)+\frac{l_1l_2}{l_3}(b+d)\right]$$

$$\Delta\lambda=\lambda_2-\lambda_1=\frac{H}{l_1l_2}\left[l_2(b-a)+\frac{l_1l_2}{l_3}(b+d)\right]$$

式中：$\Delta\lambda$——上下层经纱变形之差，cm；

λ_1——上层经纱相对于综平时经纱的伸长，cm；

λ_2——下层经纱相对于综平时经纱的伸长，cm；

a——胸梁表面基准到织口的高度，cm；

b——胸梁表面基准到综平时综眼的高度，cm；

d——胸梁表面基准到后梁的高度，cm；

H——梭口高度，cm；

l_1——梭口前部长度，cm；

l_2——梭口后部长度，cm；

l_3——综框到后梁长度，cm。

影响经纱拉伸变形的参数是与梭口高度、梭口后部长度等有关。

（1）梭口高度对拉伸变形的影响。经纱变形几乎与梭口高度的平方成正比，在快速变形条件下，经纱的伸长变形与外力成正比，即梭口高度的少量增加会引起经纱张力的明显增大。因此，在保证纬纱顺利通过梭口的前提下，梭口高度应尽量减小。

（2）梭口长度对拉伸变形的影响。梭口后部长度增加时，拉伸变形减小；反之，拉伸变形增加。这一因素，在生产实际中视加工原料和所织织物的不同而灵活掌握。例如，由于真丝强力小，通常把丝织机的梭口后部长度加大。又如，在织高密织物时，可将梭口后部长度缩短，通过增加经丝的拉伸变形和张力，使梭口得以开清。

（3）后梁高低与拉伸变形。后梁高低将对梭口上下层经纱张力的差值产生影响，分三种情况来分析。

①后梁位于经直线上。此时$\Delta\lambda=0$，上下层经纱张力相等，形成等张力梭口。

②后梁在经直线上方。此时$\Delta\lambda>0$，下层经纱的张力大于上层经纱，形成不等张力梭口。上、下层经纱张力差值将随后梁、经停架的上抬而增大。

③后梁在经直线下方。此时$\Delta\lambda<0$，下层经纱的张力小于上层经纱，但这种不等张力梭口在上开口提花机织造过程中出现，为了减少上下层经纱伸长及张力差异，经位置线应配置折线，形成上层经纱伸长及张力比下层经纱大的不等张力梭口。

四、任务实施

1. 综框运动规律测定

（1）检查织机1状况。检查经线张力是否适当，检查纬线是否退绕顺利，剑杆、选纬器、钢筘等是否运转正常。

（2）安装光栅角位移传感器4及传动实验仪7，光栅角位移传感器的接头用连线固定在一片综框的横框上，如图16-5所示。将传动实验仪与计算机6相连。打开电源，检查测试仪器系统各导线连接情况。

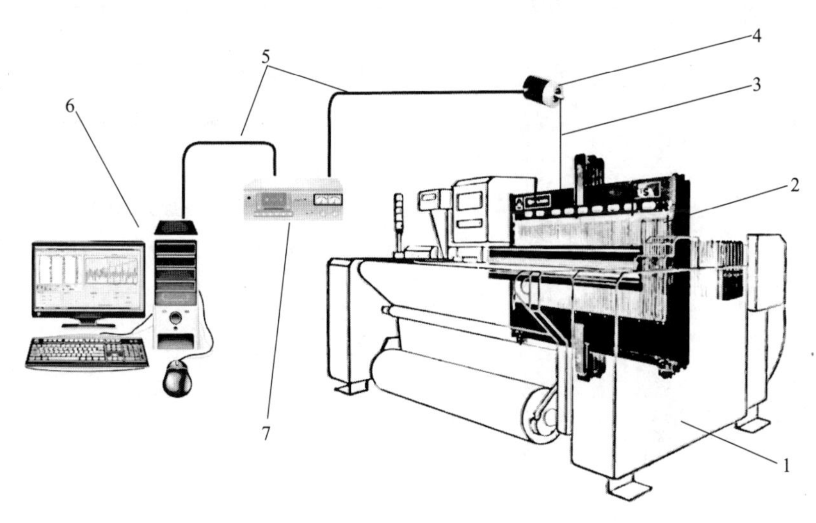

图16-5　综框运动规律测试装置示意图

1—剑杆织机　2—综框　3—连线　4—光栅角位移传感器　5—传输线　6—计算机　7—传动实验仪

（3）打开计算机桌面上的“机械教学综合实验系统”软件。选择“仪器1”，再点击“重新配置”按钮，在下拉框中选择“运动学”，然后点击“配置结束”按钮，以确定实验方法。点击“运动学”，进入“曲柄滑块导杆凸轮组织机构实验台主窗体”。在菜单栏上选择“数据采集”，在“采样参数选择”栏中选择合适的参数，如图16-6所示。

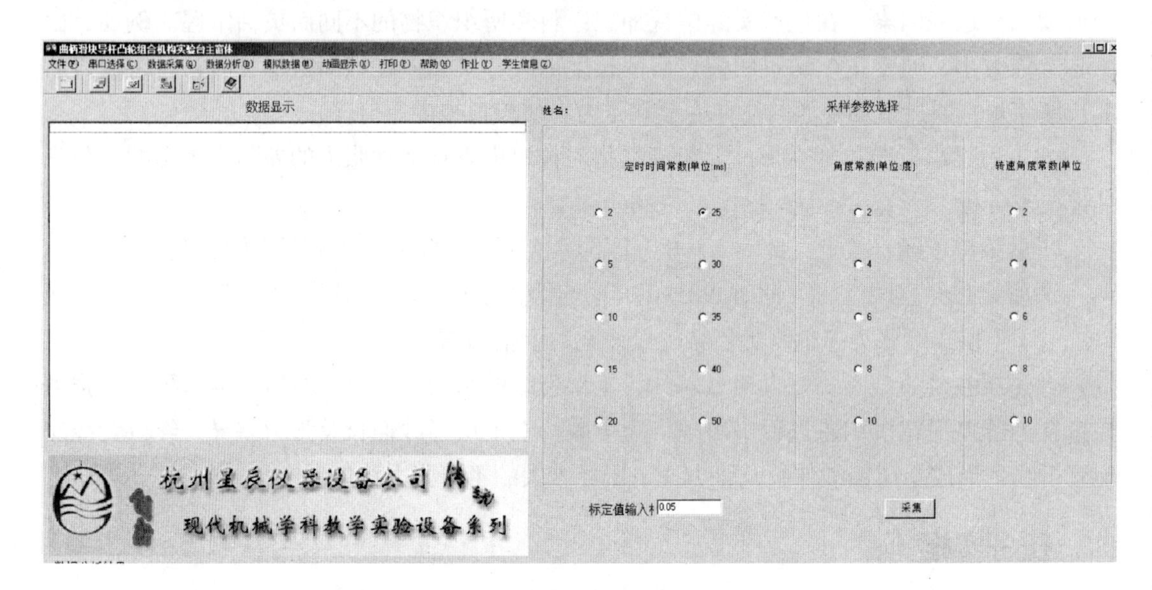

图16-6　机械教学综合实验系统界面

（4）启动织机，待织机运转正常后，点击计算机界面上的“采集”按钮，仪器开始记录综框运动位移及时间。等软件界面上“数据显示”栏出现数据及“运动曲线图”栏出现曲线时，说明仪器已完成数据记录（图16-7），停止织机运转。

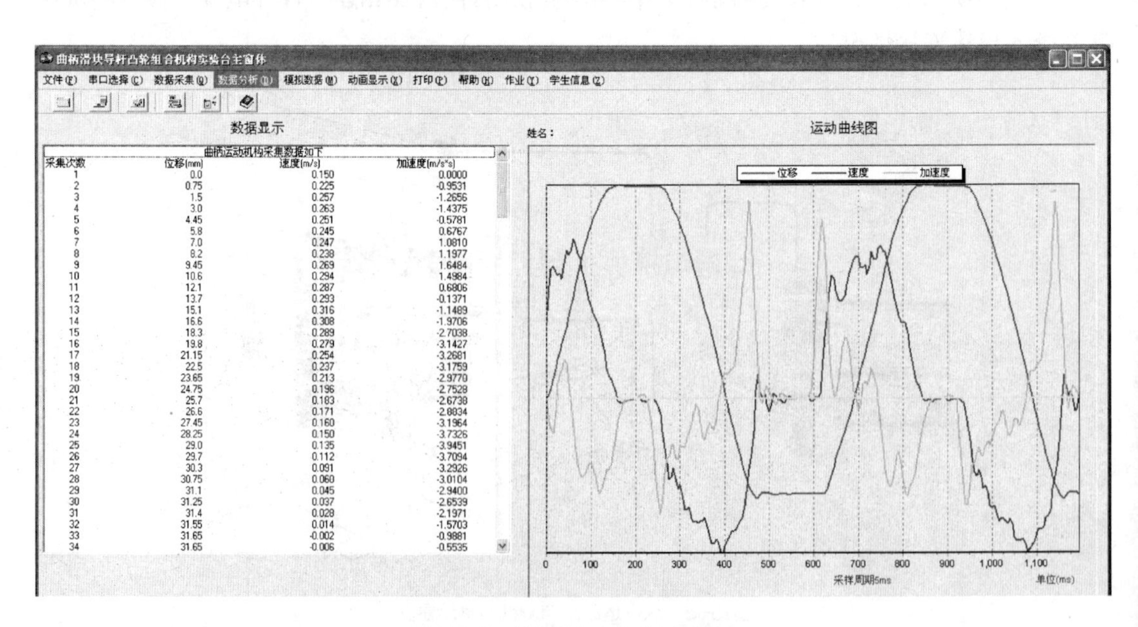

曲柄运动机构采集数据如下

采集次数	位移(mm)	速度(m/s)	加速度(m/s*s)
1	0.0	0.150	0.0000
2	0.75	0.225	-0.9531
3	1.5	0.257	-1.2656
4	3.0	0.263	-1.4375
5	4.45	0.251	-0.5781
6	5.8	0.245	0.6767
7	7.0	0.247	1.0810
8	8.2	0.238	1.1977
9	9.45	0.269	1.6484
10	10.6	0.294	1.4984
11	12.1	0.287	0.6806
12	13.7	0.293	-0.1371
13	15.1	0.316	-1.1489
14	16.6	0.308	-1.9706
15	18.3	0.289	-2.7038
16	19.8	0.279	-3.1427
17	21.15	0.254	-3.2681
18	22.5	0.237	-3.1759
19	23.65	0.213	-2.9770
20	24.75	0.196	-2.7528
21	25.7	0.183	-2.6738
22	26.6	0.171	-2.8834
23	27.45	0.160	-3.1964
24	28.25	0.150	-3.7326
25	29.0	0.135	-3.9451
26	29.7	0.112	-3.7094
27	30.3	0.091	-3.2926
28	30.75	0.060	-3.0104
29	31.1	0.045	-2.9400
30	31.25	0.037	-2.6539
31	31.4	0.028	-2.1971
32	31.55	0.014	-1.5703
33	31.65	-0.002	-0.9881
34	31.65	-0.006	-0.5535

图16-7　综框运动实验结果显示

（5）记录实验数据、综框运动规律曲线，分析综框运动规律。

2. 织口运动规律测定

（1）检查织机状况。检查经线张力是否适当，检查纬线是否退绕顺利，剑杆、选纬器、钢筘等是否运转正常。

（2）安装光栅角位移传感器及传动实验仪，光栅角位移传感器的接头用连线固定在机上布面织口上，如图16-8所示。将传动实验仪与计算机相连。打开电源，检查测试仪器系统各导线连接情况。

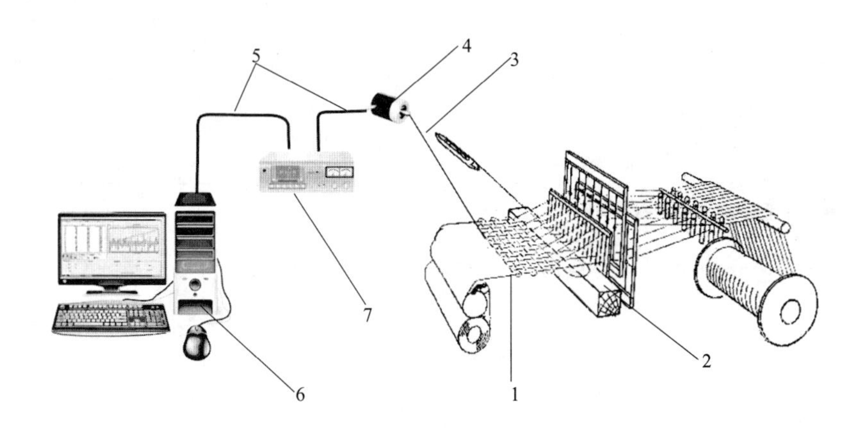

图16-8　织口的运动规律测试装置示意图
1—织口　2—有梭织机　3—连线　4—光栅角位移传感器　5—传输线　6—计算机　7—传动实验仪

（3）打开计算机桌面上的“机械教学综合实验系统”软件。选择“仪器1”，再点击“重新配置”按钮，在下拉框中选择“运动学”，然后点击“配置结束”按钮，以确定实验方法。点击“运动学”，进入“曲柄滑块导杆凸轮组织机构实验台主窗体”。在菜单栏上选择“数据采集”，在“采样参数选择”栏中选择合适的参数。

（4）启动织机，待织机运转正常后，点击计算机界面上的“采集”按钮，仪器开始记录织口位移及时间。等软件界面上“数据显示”栏出现数据及“运动曲线图”栏出现曲线时，说明仪器已完成数据记录，如图16-9所示，停止织机运转。

（5）记录实验数据、织口运动规律曲线，分析织口运动规律。

3. 卷取运动规律测定

（1）检查织机状况。检查经线张力是否适当，检查纬线是否退绕顺利，剑杆、选纬器、钢筘等是否运转正常。

（2）安装光栅角位移传感器及传动实验仪，光栅角位移传感器的接头用连线固定在卷取辊布面上，如图16-10所示。将传动实验仪与计算机相连。打开电源，检查测试仪器系统各导线连接情况。

（3）打开计算机桌面上的“机械教学综合实验系统”软件。选择“仪器1”，再点击“重新配置”按钮，在下拉框中选择“运动学”，然后点击“配置结束”按钮，以确定实验

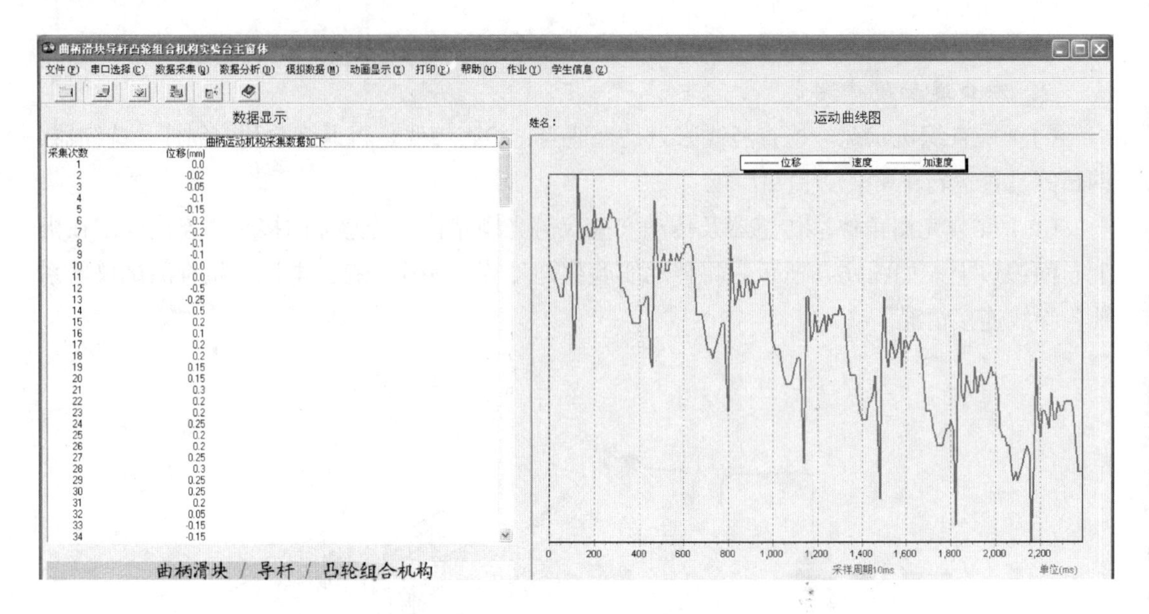

图16-9 织口运动实验结果显示

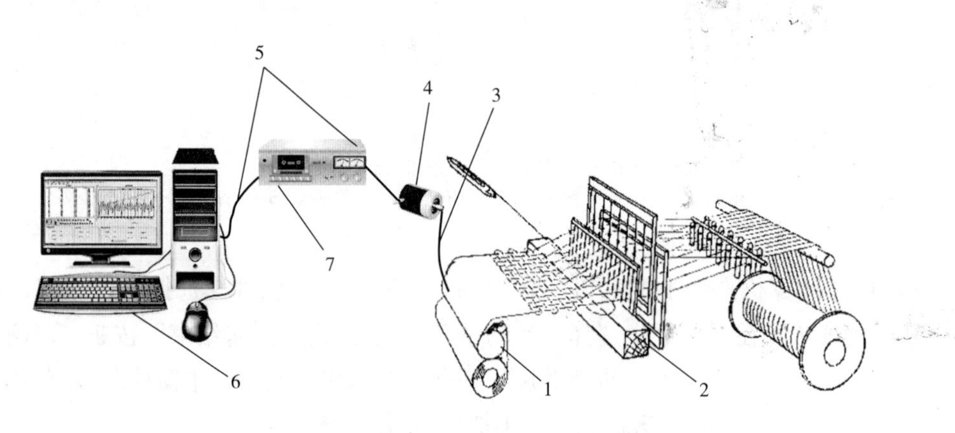

图16-10 卷取机构的运动规律测试装置示意图
1—卷取辊 2—有梭织机 3—连线 4—光栅角位移传感器 5—传输线 6—计算机 7—传动实验仪

方法。点击“运动学”，进入“曲柄滑块导杆凸轮组织机构实验台主窗体”。在菜单栏上选择“数据采集”，在“采样参数选择”栏中选择合适的参数。

（4）开动织机，待织机运转正常后，点击计算机界面上的“采集”按钮，仪器开始记录卷取辊位移及时间。等软件界面上“数据显示”栏出现数据、“运动曲线图”栏出现曲线时，说明仪器已完成数据记录，如图16-11所示，停止织机运转。

（5）记录实验数据、卷取运动规律曲线，分析卷取运动规律。

4. 送经运动规律测定

（1）检查织机状况。检查经线张力是否适当，检查纬线是否退绕顺利，剑杆、选纬器、钢筘等是否运转正常。

（2）安装光栅角位移传感器及传动实验仪，光栅角位移传感器的接头用连线固定在经

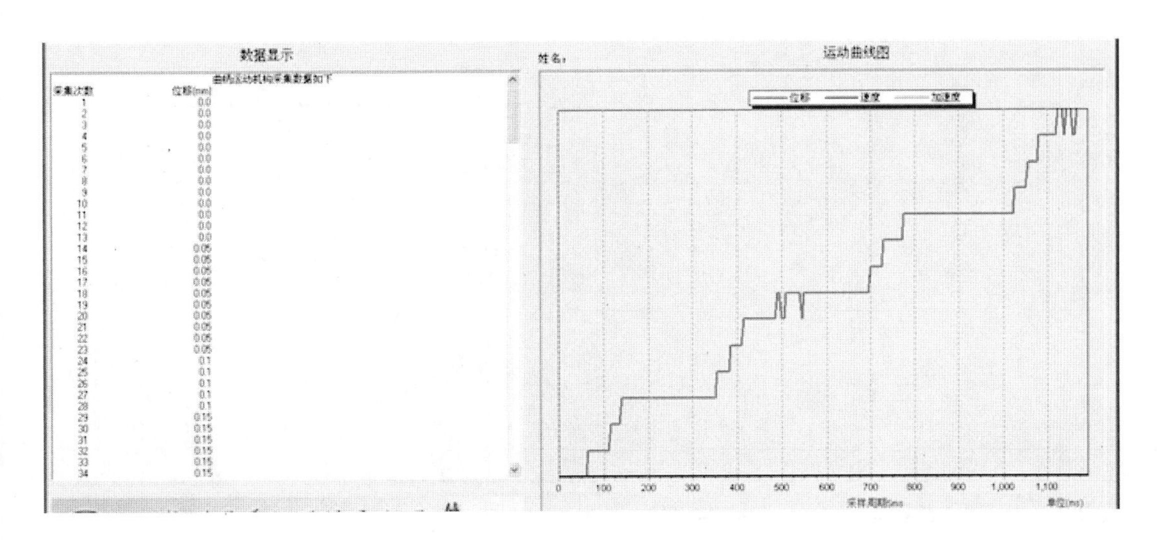

图16-11　卷取运动实验结果显示

轴边盘上，如图16-12所示。将传动实验仪与计算机相连。打开电源，检查测试仪器系统各导线连接情况。

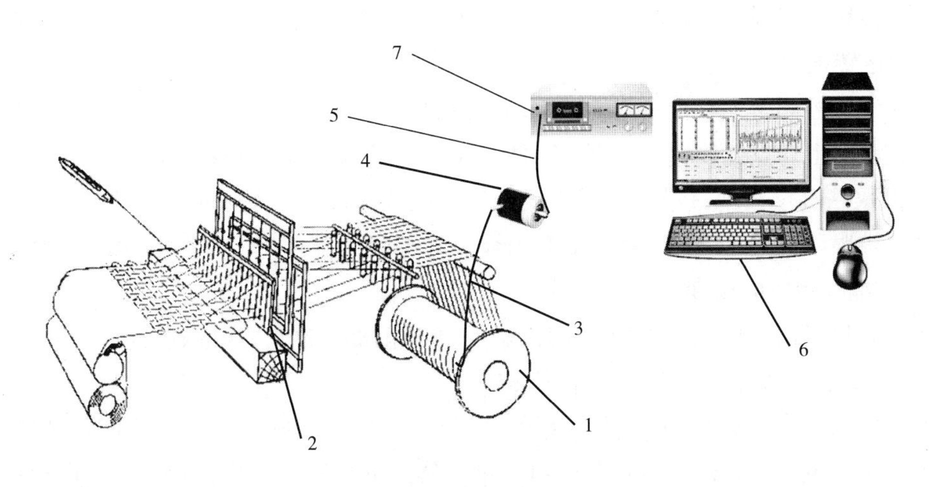

图16-12　送经机构的运动规律测试装置示意图

1—经轴边盘　2—织机　3—连线　4—光栅角位移传感器　5—传输线　6—计算机　7—传动实验仪

（3）打开计算机桌面上的“机械教学综合实验系统”软件。选择“仪器1”，再点击“重新配置”按钮，在下拉框中选择“运动学”，然后点击“配置结束”按钮，以确定实验方法。点击“运动学”，进入“曲柄滑块导杆凸轮组织机构实验台主窗体”。在菜单栏上选择“数据采集”，在“采样参数选择”栏中选择合适的参数。

（4）开动织机，待织机运转正常后，点击计算机界面上的“采集”按钮，仪器开始记录经轴边盘位移及时间。等软件界面上“数据显示”栏出现数据、“运动曲线图”栏出现曲线时，说明仪器已完成数据记录，如图16-13所示，停止织机运转。

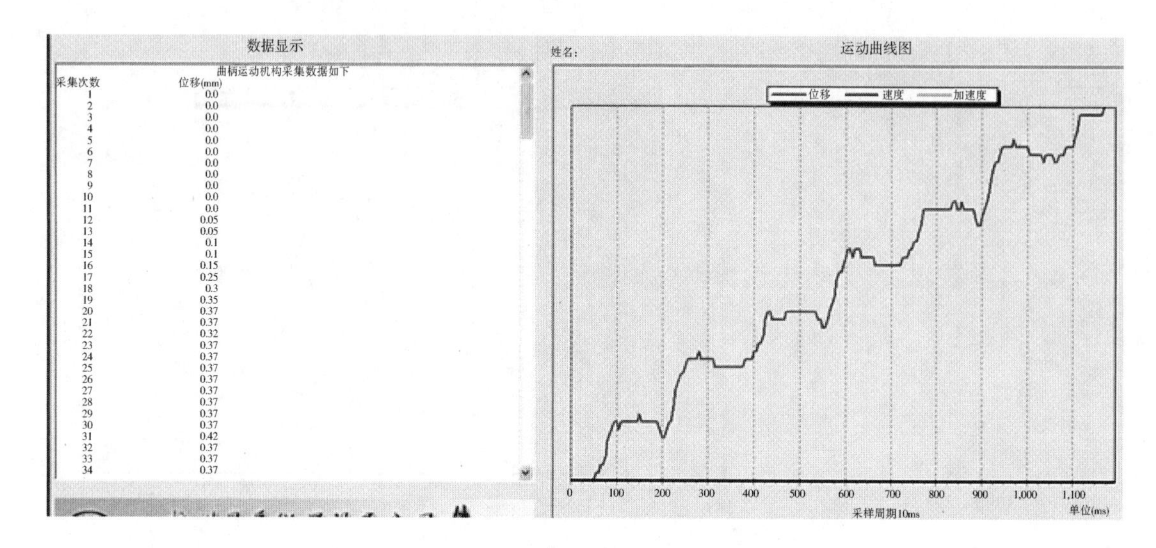

图16-13　送经机构运动实验结果显示

（5）记录实验数据、送经机构运动规律曲线，分析送经机构运动规律。

5. **经纱张力与伸长**

（1）检查织机状况。检查经线张力是否适当，检查纬线是否退绕顺利，剑杆、选纬器、钢筘等是否运转正常。

（2）在织机控制台上点击黑色的“点动”按钮使织机步进，待综框综平时不再点动。

（3）在胸梁上切点处放置水平直尺，使直尺平行经纱方向，并保持水平。

（4）再取一直尺，垂直量出水平直尺到织口的高度a（胸梁表面基准到织口的高度）、水平直尺到综眼的高度b（胸梁表面基准到综平时综眼的高度）、水平直尺到后梁的高度c（胸梁表面基准到后梁的高度）。

（5）用直尺量出织口到综框的水平距离l_1（梭口前部长度），综框到分绞棒的水平距离l_2（梭口后部长度），综框到后梁的水平距离l_3。

（6）使用机械式单丝张力仪测量综平时的经纱张力，取经纱的边区和中区各10根测量。

（7）点击黑色的“点动”按钮使织机步进，待综框满开口并静止时，停止点动。用直尺量出梭口高度H。

（8）再使用机械式单丝张力仪测量满开口时的经纱张力。取上层经纱的边区和中区各10根测量，再取下层经纱的边区和中区各10根测量。

（9）记录张力数据和长度距离。

6. **织机转数**

（1）检查织机状况。检查经线张力是否适当，检查纬线是否退绕顺利，剑杆、选纬器、钢筘等是否运转正常。

（2）在织机主轴轮边缘位置贴上反光条，用于反射非接触式转速表的频率闪光。

（3）在织机控制台上点击绿色的“运行”按钮使织机运转。

（4）打开非接触式转速表开关，按住“measure”键，将仪表头部的感测光线投射到反光条上，仪表即可显示织机转数读值（r/min）。

五、数据与分析

1. 织机工艺参数（表16-1）

表16-1 织机工艺参数

织机型号		织机转数/（$r \cdot min^{-1}$）	
织机筘号		穿入数	
织物经密/［根·(10cm）$^{-1}$］		织物纬密/［根·(10cm）$^{-1}$］	
经纱线密度/tex		纬纱线密度/tex	

2. 综框运动规律（表16-2）

表16-2 综框运动规律

综框运动曲线图			
采样定时时间常数/ms		角度常数/（°）	
位移最大值/mm		速度最大值/（$m \cdot s^{-1}$）	
位移最小值/mm		速度最小值/（$m \cdot s^{-1}$）	
加速度最大值/（$m \cdot s^{-2}$）		综框运动周期/s	
梭口高度/mm		推算主轴转速/（$r \cdot min^{-1}$）	
分析与讨论	为什么综框运动曲线是非简谐运动曲线?		

3. 织口运动规律（表16-3）

表16-3 织口运动规律

织口运动曲线图

续表

采样定时时间常数/ms		角度常数/（°）	
位移最大值/mm		速度最大值/（m·s^{-1}）	
位移最小值/mm		速度最小值/（m·s^{-1}）	
加速度最大值/（m·s^{-2}）		织机主轴转速/（r·min^{-1}）	
加速度最小值/（m·s^{-2}）		织口运动周期/s	
一个周期织口位移/mm		推算出织物纬密/［根·(10cm）$^{-1}$］	
推算出织物产量/（m·天$^{-1}$）	一天织机产量=$\frac{织口周期位移（mm）\times 24\times 60\times 60}{织口周期（s）\times 1000}$		

注 要求列出公式和计算过程。结果计算到两位小数，修约到一位小数。

4. 卷取运动规律（表16-4）

表16-4 卷取运动规律

卷取运动曲线图

采样定时时间常数/ms		角度常数/（°）	
位移最大值/mm		速度最大值/（m·s^{-1}）	
位移最小值/mm		速度最小值/（m·s^{-1}）	
加速度最大值/（m·s^{-2}）		织机主轴转速/（r·min^{-1}）	
加速度最小值/（m·s^{-2}）		卷取运动周期/s	
一个周期卷取位移/mm		推算出织物纬密/［根·(10cm）$^{-1}$］	
推算出织物产量/（m·天$^{-1}$）	一天织机产量=$\frac{卷取周期位移（mm）\times 24\times 60\times 60}{卷取周期（s）\times 1000}$		

注 要求列出公式和计算过程。结果计算到两位小数，修约到一位小数。

5. 送经运动规律（表16-5）

表16-5 送经运动规律

送经运动曲线图

续表

采样定时时间常数/ms		角度常数/（°）	
速度最小值/（$m \cdot s^{-1}$）		速度最大值/（$m \cdot s^{-1}$）	
加速度最小值/（$m \cdot s^{-2}$）		加速度最大值/（$m \cdot s^{-2}$）	
织机主轴转速/（$r \cdot min^{-1}$）		送经运动周期/s	
一个周期经轴边盘位移/mm		经轴边盘直径/mm	
经轴经纱卷绕直径/mm		一个周期经纱送经位移/mm	
一个周期经轴转动角度/（°）		推算出织物纬密/［根·（10cm）$^{-1}$］	
推算出织物产量/（m·天$^{-1}$）	一天织机产量=$\frac{经纱送经周期位移（mm）\times 24\times 60\times 60}{经纱周期（s）\times 1000}$		
分析和讨论	比较织口、卷取、送经三者的周期位移，分析三者周期位移的配合对织物质量的影响		

注 要求列出公式和计算过程。结果计算到两位小数，修约到一位小数。

$$周期送经量（mm）=\frac{织轴直径（mm）}{边盘直径（mm）}\times 边盘位移量（mm）$$

6. 经纱张力与伸长（表16-6）

表16-6 经纱张力与伸长

经纱伸长			
胸梁表面基准到织口的高度a		胸梁表面基准到综平时综眼的高度b	
胸梁表面基准到后梁的高度d		梭口高度H_1	
梭口前部长度l_1		梭口高度H_2	
梭口后部长度l_2		梭口高度H_3	
综框到后梁长度l_3		梭口高度H_4	
上层经纱相对于综平时经纱的伸长λ_1		下层经纱相对于综平时经纱的伸长λ_2	
上下层经纱变形之差$\Delta\lambda$		后梁与经直线关系	
经纱张力			
	测试根数	边区平均张力/cN	中区平均张力/cN
综平时经纱张力			
满开口上层经纱张力			
满开口下层经纱张力			
中区与边区经纱张力比较，对织造质量的影响			
满开口时上层与下层经纱张力比较，分析差异原因			

注 长度数据保留有效数字3位，张力数据保留有效数字3位。

实验17 半自动小样织机织造工艺设计

一、实验目的与内容

（1）了解半自动小样织机结构、工作原理。

（2）掌握织机上机工艺参数。

（3）掌握半自动小样织机的操作步骤。

二、实验设备与工具

SGA598型半自动小样织布机、穿综刀、穿筘刀、剪刀。

三、相关知识

1. 半自动小样织机结构与用途

SGA598型半自动小样织布机由控制部分（触摸屏）和机械部分组成，如图17-1所示。控制部分采用PLC控制，机械部分由气动元件、电气元件组成。小样织机由织轴3、后梁4、综框6、钢筘7、胸梁8、卷取辊9、电源箱2、控制主屏5构成。小样织机在提综开口时由计算机控制自动完成，引纬、打纬、送经、卷取则需由手动完成。

工作时，先在控制器中输入纹板图，小样织机在织每一纬时自动提升综框，形成开口。此时由操作者用织梭引入纬纱，引纬后手动将钢筘前扳，完成打纬，同时织机自动根据下一梭纹板提升综框，形成开口，如此循环进行织造。

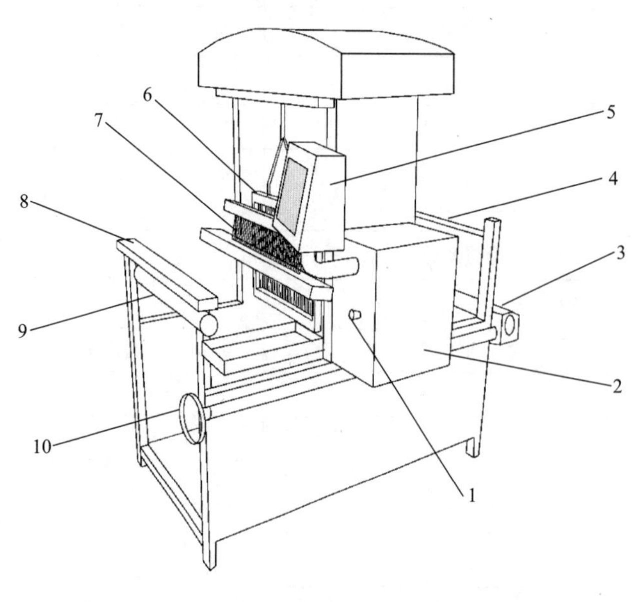

图17-1 SGA598型半自动小样织布机示意图
1—气阀门 2—电源箱 3—织轴 4—后梁 5—控制主屏 6—综框
7—钢筘 8—胸梁 9—卷取辊 10—手柄

SGA598型半自动小样织布机用于试织以棉、毛、丝、麻、化学纤维等为原料的小样织物。SGA598型半自动小样织布机规格为50.8cm（20英寸），配置16片综框，每片综框最多可安装280～300根综丝。最大门幅可织48cm，钢筘有50号、100号、120号、135号等规格，纬密则由手动控制。

2. 织物规格设计

织物规格设计包括成品规格设

计和织造规格设计两部分内容。成品规格设计主要内容为原料选用、纱线设计、经纬密度设计、组织设计、织造与染整后处理工艺路线设计等。织造规格设计主要内容为钢筘设计、穿综设计、整经设计、选纬设计、布边设计、上机图设计及上机计算等。将上述内容用表格形式表示，即为织物规格表。

（1）织物的幅宽与匹长。成品织物的幅宽是根据织物用途、销售地区和生产设备条件而定。常用的织物幅宽有四种：91cm（36英寸）、112～114cm（44～45英寸）、140～150cm（55～59英寸）、280～300cm（110～118英寸）。

$$\text{坯布幅宽（cm）}=\frac{\text{成品幅宽（cm）}}{1-\text{染整幅缩率}}$$

$$\text{钢筘幅宽（cm）}=\frac{\text{坯布幅宽（cm）}}{1-\text{织造幅缩率}}=\frac{\text{成品幅宽（cm）}}{(1-\text{染整幅缩率})\times(1-\text{织造幅缩})}$$

$$=\frac{\text{内经穿筘总齿数}}{\text{内经筘号}}+\frac{\text{边经穿筘总齿数}}{\text{边经筘号}}$$

成品织物的匹长根据织物用途、销售地区、织物厚度和织轴卷装容量而定。匹长单位有米和码两种。

（2）织物缩率。由于织物的缩率与织物的用纱量（成本）、匹长、幅宽、平方米克重等设计项目都有关，因此，在设计产品时，对缩率的测试应十分重视。

①幅缩率。幅缩率分为织造幅缩率和染整幅缩率两种。

$$\text{织造幅缩率}=\frac{\text{钢筘幅宽}-\text{坯布幅宽}}{\text{钢筘幅宽}}\times100\%$$

$$\text{染整幅缩率}=\frac{\text{坯布幅宽}-\text{成品幅宽}}{\text{坯布幅宽}}\times100\%$$

$$\text{成品经密（根/cm）}=\frac{\text{经纱根数}}{\text{成品幅宽（cm）}}$$

$$\text{坯布经密（根/cm）}=\frac{\text{经纱根数}}{\text{坯布幅宽（cm）}}=\text{成品经密（根/cm）}\times\frac{\text{成品幅宽（cm）}}{\text{坯布幅宽（cm）}}$$

$$=\text{成品经密（根/cm）}\times(1-\text{染整幅缩率})$$

$$\text{织造经密（根/cm）}=\frac{\text{经纱根数}}{\text{钢筘幅宽（cm）}}=\text{筘号（筘齿/cm）}\times\text{筘穿入数（根/筘齿）}$$

$$=\text{坯布经密（根/cm）}\times(1-\text{织造幅缩率})$$

$$=\text{成品经密（根/cm）}\times(1-\text{染整幅缩率})\times(1-\text{织造幅缩率})$$

②长度缩率。长度缩率分为织造长度缩率和染整长度缩率两种。

$$\text{织造长度缩率}=\frac{\text{经纱长度}-\text{坯布长度}}{\text{经纱长度}}\times100\%$$

$$\text{染整长度缩率}=\frac{\text{坯布长度}-\text{成品长度}}{\text{坯布长度}}\times100\%$$

坯布纬密（根/cm）=成品纬密（根/cm）×（1－染整长度缩率）

织造纬密（根/cm）=坯布纬密（根/cm）×（1－染整长度缩率）×（1－织造长度缩率）

③织造缩率及染整缩率参考数据。由于影响织造缩率及染整缩率的因素很多，目前，还未建立准确的计算公式，故在开发新产品时，可参考类似的品种，确定经纬缩率，然后通过试织加以修正。常见织物的织造缩率及染整缩率参考值见表17-1。

表17-1 常见织物的织造缩率及染整缩率参考值

织物品种	织造长度缩率/%	织造幅缩率/%	染整长度缩率/%	染整幅缩率/%
府绸（棉）	9.0 ~ 14.0	1.5 ~ 5.0	5.0	6.5 ~ 8.5
卡其（棉）	10.0 ~ 12.0	2.0 ~ 4.0	3.0 ~ 5.0	6.5 ~ 11.0
凡立丁（毛）	6.0 ~ 8.0	5.0 ~ 6.0	1.0 ~ 5.0	11.0 ~ 15.0
华达呢（毛）	10.0 ~ 11.0	2.5 ~ 3.5	2.0 ~ 11.0	6.0 ~ 12.0
乔其（桑蚕丝）	7.0 ~ 9.0	3.0 ~ 4.0	—	—
双绉（桑蚕丝）	9.5 ~ 10.5	7.5 ~ 8.5	—	—
人造丝软缎（黏胶丝）	2.5 ~ 3.5	1.5 ~ 2.5	—	—

（3）总经纱根数计算。

总经纱根数=内经纱根数+边经纱根数

内经纱根数=成品内幅（cm）×成品经密（根/cm）

=钢筘内幅（cm）×织造经密（根/cm）

=钢筘内幅（cm）×筘号（筘齿数/cm）×筘穿入数（根/筘齿）

边经纱根数=每边成品边幅（cm）×成品边纱经密（根/cm）×2

=每边筘齿数×边筘穿入数（根/筘齿）×2

内经纱根数、边经纱根数应修正为筘穿入数的倍数，并尽可能为组织循环、穿综循环的倍数。

（4）织物重量与用纱量计算。坯布重量是指织物下机后未经任何后处理的重量。

每米坯布经纱重量（g/m）=每米坯布经纱重量（g）+每米坯布纬纱重量（g）

$$\text{每米坯布经纱重量（g/m）}=\frac{\text{内经根数}\times 1\text{（m）}\times N_{tj}}{1000\times\text{（}1-\text{经纱织造长度缩率）}}+\frac{\text{边经根数}\times 1\text{（m）}\times N_{tj}}{1000\times\text{（}1-\text{经纱织造长度缩率）}}$$

$$\text{每米坯布纬纱重量（g/m）}=\frac{\text{坯布纬密（根/cm）}\times 100\times\text{在机幅宽（cm）}\times N_{tw}}{1000\times 100}$$

$$\text{每平方米坯布重量（g）}=\frac{\text{每米坯布重量（g）}}{\text{坯布幅宽（cm）}}\times 100$$

$$\text{每匹坯布重量（kg/匹）}=\frac{\text{每米坯布重量（g）}\times\text{匹长（m）}}{1000}$$

式中：N_{tj}——经纱线密度，根/10cm；

N_{tw}——纬纱线密度，根/10cm。

上述各式中当纱线的线密度不同时，需逐个分别计算。

（5）原料含量计算。当织物中含有不同种类的原料时，应分别计算含量。

$$\text{甲原料的含量}=\frac{\text{甲原料净重量}\times(1-\text{重量损耗率})}{\text{甲原料净重量}\times(1-\text{重量损耗率})+\text{乙原料净重量}\times(1-\text{重量损耗率})+\cdots}\times 100\%$$

式中：净重量是指在坯布中的重量。其余类推，可计算出其他原料的含量。

（6）原料用量计算。原料用量是指投入原料的重量，它包括加工过程中的重量损耗和回丝损耗。

$$\text{每匹成品织物的某原料用量（kg）}=\frac{\text{每匹成品织物的重量（kg）}\times\text{该原料含量}}{(1-\text{重量损耗率})\times(1-\text{回丝损耗率})}$$

（7）布边设计。布边由小边与大边两部分组成，小边在织物的最外侧，大边在小边与布匹正身之间。布边应坚牢，外观平整，缩率与正身一致，利于织造和印染后整理加工的进行。由于布边在织造、后整理中所承受的机械摩擦力比布身要大得多，故布边经纱应选用布身中强度、耐磨性好的一组经纱为原料，并注意保持布边与布身的收缩性一致。

在保证布边作用的前提下，布边宽度以窄为宜。布边的宽度一般为正身幅宽的0.5%～1.5%，取0.5～2cm。

为使布边平挺，布边经密应略大于正身经密，或与正身经密相同。对于高经密高紧度的织物，布边经密与正身经密相同；对于低经密低紧度的织物，布边经密比正身经密可提高30%～50%，甚至达到100%；对于一般织物，布边经密与正身经密相同，或提高10%～20%。

小边组织采用绞边纱罗组织（无梭织物），或平纹、经重平（有梭织机）组织。

大边组织根据经纬纱的线密度、经纬密度、织物组织等因素不同，分别采用下列组织：平纹、$\frac{2}{2}$或$\frac{3}{3}$等经重平、纬重平、方平组织等。

四、任务实施

视频 17-1

实操见视频17-1。

1. 准备工作

（1）检查经纱与纬纱品种是否相符。做好织物规格设计，填好织造工艺单。

（2）穿经、过筘。在摇纱器上摇取所需数量的经纱，理清后绑紧在织机后方的绞纱布条上。如有较多经纱，则分成数股，分别绑在绞纱布条上，如图17-2所示。在织样机上进行穿经，一般留取前两片综框穿边经，第三片综框开始穿布身经。穿综完毕后开始穿筘，待穿筘完成后，梳理好经纱，分成两股分别绑在织机前方卷布辊上的绞纱布条上。

（3）纬纱准备。按织造工艺确定的纬纱原料，分别将各品种的纬纱用绕纬器绕在红色塔形织梭上。

2. 纹板输入

（1）开机/启动。检查并确认织机开口、打纬各相关机件的运动在其动程范围内没有异常阻碍后，打开电源。进入触屏控制界面主界面如图17-3所示进行操作。

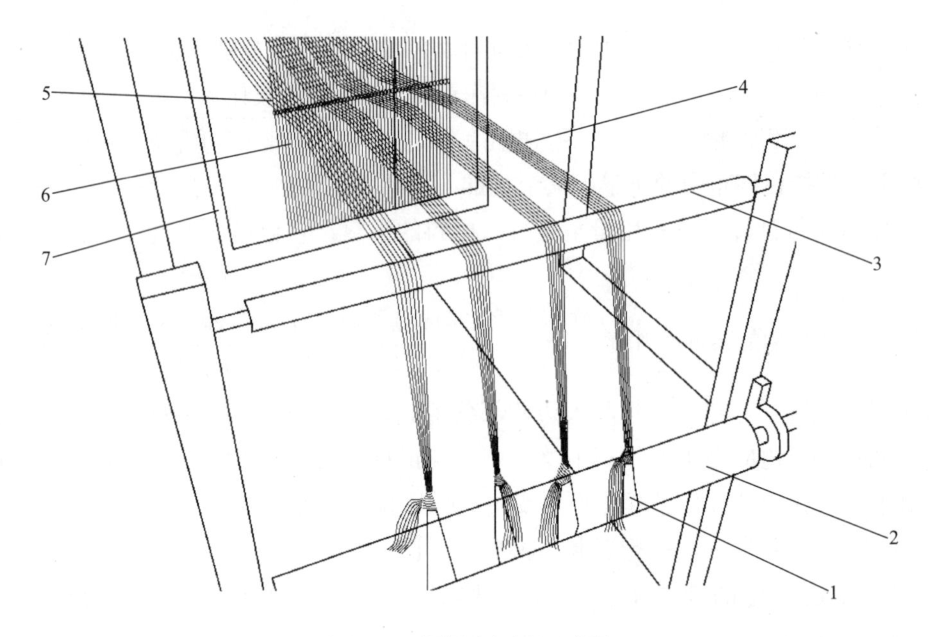

图17-2 织机后方穿经示意图

1—绞纱布条 2—经轴 3—后梁 4—经线 5—综眼 6—综丝 7—综框

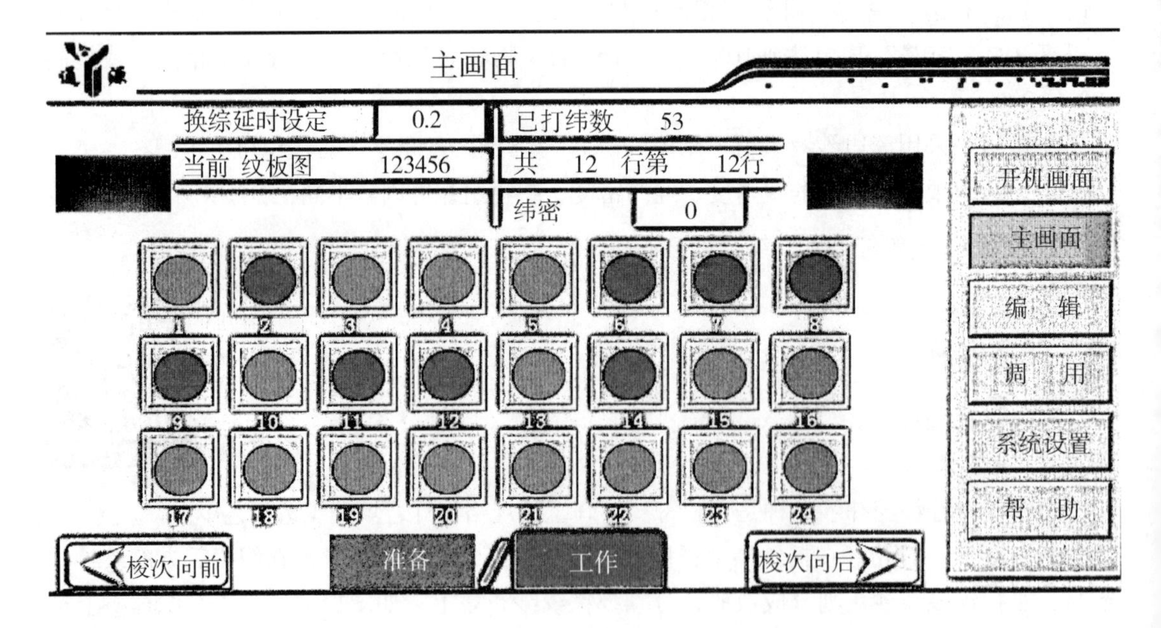

图17-3 半自动小样织布机触屏控制界面主画面

（2）按“编辑纹板”键进入“书写纹板画面”进行工艺设定。根据纹板图，先设定总行数，即纹板块数。再确定当前行数是第几行，然后根据该行纹板的组织点从左往右，在相应位置点击，深色圆圈代表经组织点，如图17-4所示。当前行输入完毕后，点“下一行”进入下一行纹板图的输入，纹板图的行数是从下往上的顺序。

（3）设定完成后按“保存”键，如图17-5所示，设置文件名，按“保存至纹板”结束

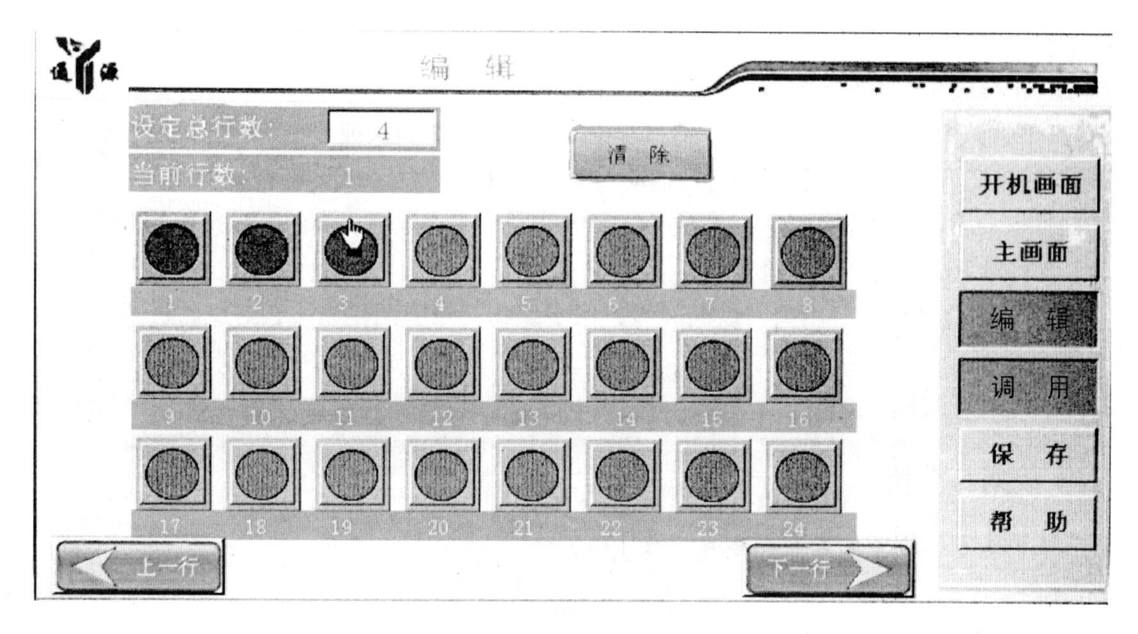

图17-4 编辑纹板界面

保存，按“主画面”返回主界面。

（4）调用纹板。按“调用”键进入调用界面选择所需的纹板图。

（5）点击“主画面”返回主界面，检查下调用的纹板有无错误。若无误则开始织造。

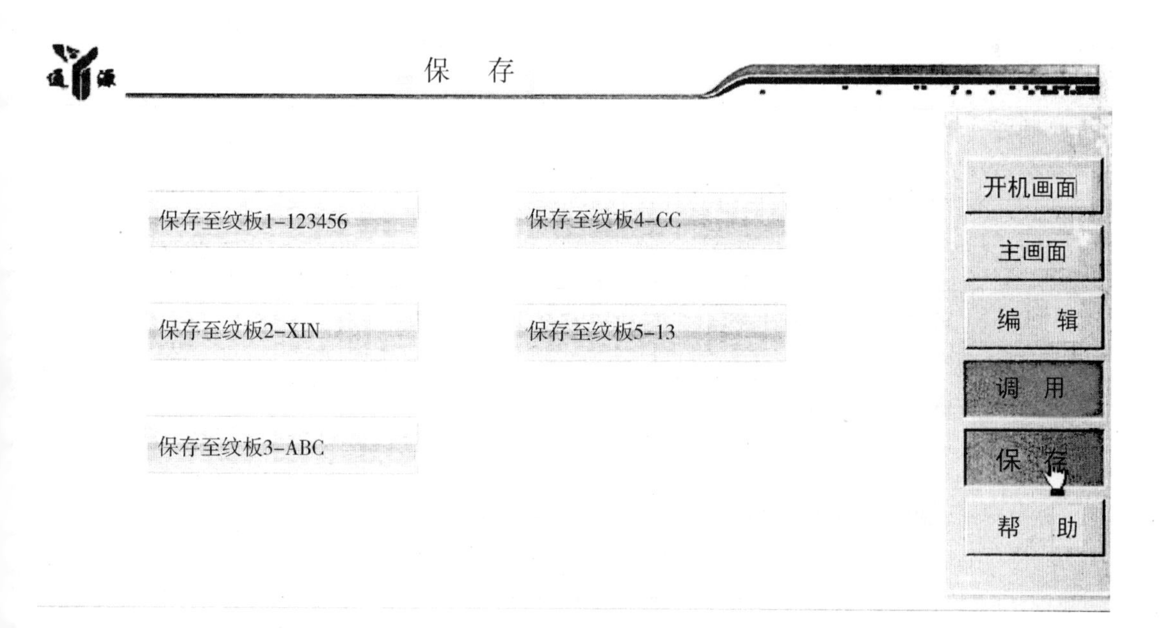

图17-5 保存纹板界面

3. **织机织造**

（1）在主画面的左下角切换成“工作”状态，手动打纬后，综框自动提升，将装有纬纱的织梭穿过开口，再手动扳动钢筘进行打纬。打纬完毕后，综框根据下一纹板自动提升，扳回钢筘形成开口，准备织下一纬，如此循环。

（2）经、纬纱张力调整。在织造过程中发现经纱张力过大或过小，可以摇动织机前部右侧的手柄，调节转动经轴。顺时针摇动手柄，经轴后转，经纱开始绷紧，经纱张力变大；逆时针摇动手柄，经轴前转，经纱放松，经纱张力变小。也可以向前转动织机前部的卷布辊，使经纱张力变大，织口前移。

（3）织造结束后，用剪刀剪断经纱，取下织物，修剪两侧布边，对织物进行适当的整理。

（4）拔出气阀，综框全部下降，再关闭电源。清理好遗留在织机上的纱线。

五、数据与分析

1. 填写织物上机工艺规格表（表17-2）

表17-2 织物上机工艺规格

<table>
<tr><td colspan="5">织物组织名称：</td></tr>
<tr><td colspan="2">成品规格</td><td colspan="3">织造规格</td></tr>
<tr><td>门幅</td><td>____cm</td><td rowspan="2">钢筘</td><td colspan="2">内幅____cm + 边幅____cm × 2=外幅____cm</td></tr>
<tr><td>经密</td><td>____根/10cm</td><td colspan="2">筘号：____号　穿入数：____入</td></tr>
<tr><td>纬密</td><td>____根/10cm</td><td>经线数</td><td colspan="2">内经丝数：____根+边经：____ × 2根=总经线数：____根</td></tr>
<tr><td>经线组合与色经排列</td><td colspan="4"></td></tr>
<tr><td>纬线组合与色纬排列</td><td colspan="4"></td></tr>
<tr><td>织物组织与上机图</td><td colspan="4">a.布边组织　b.布身组织
（1）织物组织　　　　（2）上机图</td></tr>
<tr><td rowspan="2">成品织物小样外观</td><td rowspan="2" colspan="2"></td><td>经向剖面图</td><td></td></tr>
<tr><td>纬向剖面图</td><td></td></tr>
</table>

2. 织物规格计算（表17-3）

表17-3 织物规格计算

坯布幅宽/cm		钢筘幅宽/cm	
织造幅缩率/%		织造经密/（根·cm^{-1}）	
内经纱根数/根		坯布经密/（根·cm^{-1}）	
边经纱根数/根		经纱线密度/tex	
总经纱根数/根		纬纱线密度/tex	
每米坯布经纱重量/（$g·m^{-1}$）		每米坯布纬纱重量/（$g·m^{-1}$）	
每米坯布重量/（$g·m^{-1}$）		每平方米坯布重量/（$g·m^{-2}$）	

注 要求列出原始数据和计算过程。结果计算到两位小数，修约到一位小数。

实验18 全自动小样织机织造工艺设计

一、实验目的与内容

（1）了解全自动小样织机的结构、工作原理。

（2）掌握织机上机工艺参数。

（3）掌握全自动小样织机的操作步骤。

二、实验设备与工具

SGA598型全自动小样织布机、穿综刀、穿筘刀、剪刀。

三、相关知识

SGA598型全自动小样织机由控制部分与机械部分组成，如图18-1所示。控制部分采用PLC和工控机控制，机械部分由气动元件、接近开关、步进电机等组成，全机由提综机构、引纬机构、打纬机构、卷取机构、送经机构、自动选纬机构、纬纱断头自停机构以及电气控制机构等完成织物的织造。SGA598型全自动小样织机的机械部分分别由高压空气和步进电机驱动。

SGA598型全自动小样织机的运作流程如图18-2所示。在启动小样织机时，织机会先执行第一梭的开口动作以清除引纬路径上可能残留的纬纱。接下来，织机依次执行开口、引纬、选色、剪纬、打纬以及卷取动作。

SGA598型全自动小样织机用于织造素织物和小提花织物，该设备适用于棉、毛、丝、麻、化学纤维产品的织造。SGA598型全自动小样织机的经纱上机长度、机梭形状尺寸与新型剑杆织机等比例缩放，保证了经纱张力、经纱伸长率与剑杆织机大体一致，而且运用了许多与新型剑杆织机相同的上机工艺参数调整方式，所以，打样品质控制得非常精密。

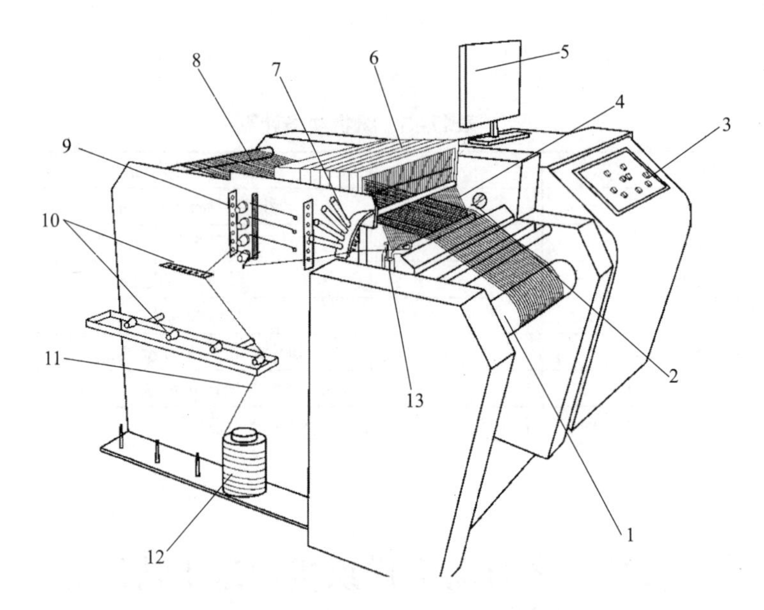

图18-1　SGA598型全自动小样织机示意图

1—卷取辊　2—剑杆　3—操作面板　4—钢筘　5—计算机　6—综框　7—选纬机构　8—经纱
9—张力装置、纬纱自停装置　10—导纱器　11—纬纱　12—纬纱原料筒子　13—剪刀

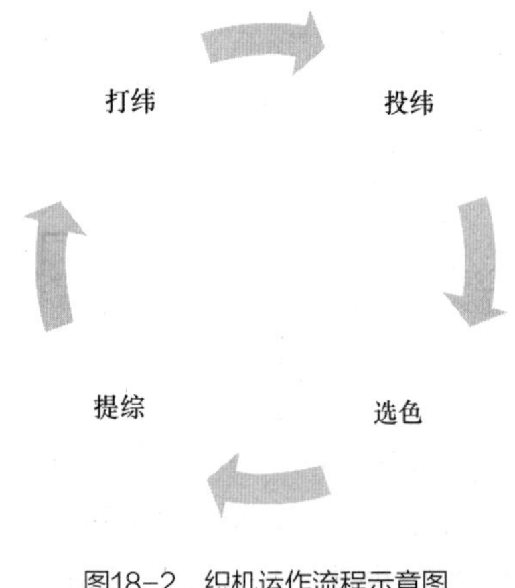

图18-2　织机运作流程示意图

四、任务实施

实操见视频18-1和视频18-2。

1. 准备工作

（1）检查经纱与纬纱品种是否相符。做好织物规格设计，填好织造工艺单。

（2）整经、穿经。先把左右两边的绞边穿好，再来穿正身经纱。把整幅经纱分成若干条系在整经架上，然后一条一条地穿经，在穿综时要注意综框的综丝数够不够，以免综丝不足。

穿好综后将经纱略微梳理顺直，然后用固定杆把经纱夹在卡纱槽上。松开整经架上的经纱条，然后点织机上的“卷取”按钮，使卷取辊向前卷取，目的是让经纱穿过综框时经过一遍梳理。

卷取至经纱末端到后梁处，再将经纱末端分成若干条分别绑到经轴的布条上，绑实后点织机上的“送经”按钮，使经轴向后卷绕，将经纱卷进经轴。可以先点“卷取”向后松一下经纱张力，再点“送经”向后继续将经纱卷进经轴，直至卷取辊的经纱退绕完。

松开卡纱槽上的固定杆，将经纱再梳理一遍，保证经纱张力均匀，此时，可用胶带辅助固定经纱，最后将整幅经纱和绞边用固定杆卡到卷布辊上的卡纱槽内。用“卷取”按钮调整好经纱张力，保证开口清晰（图18-3）。

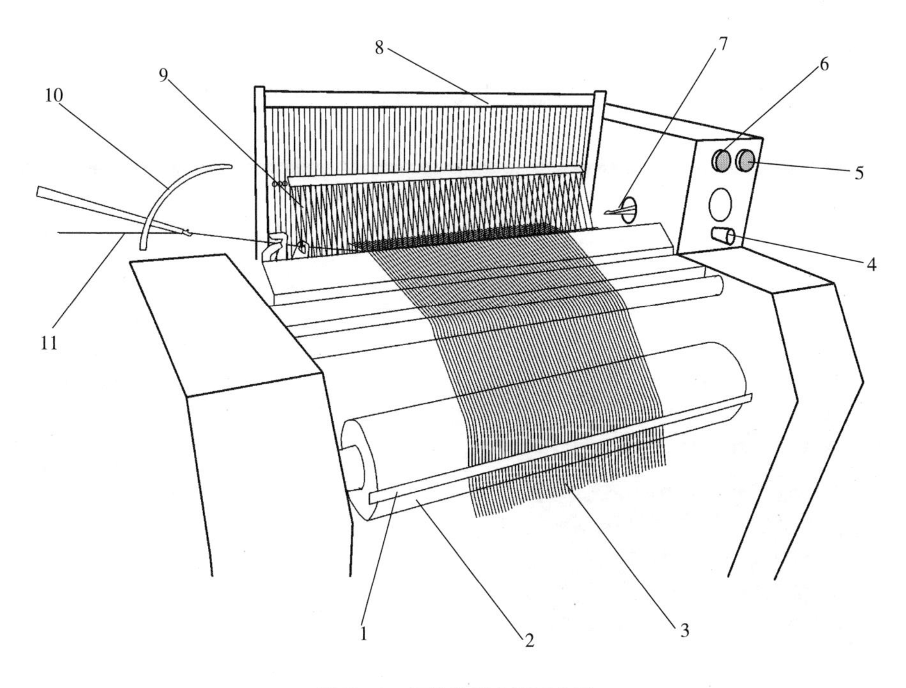

图18-3　织机前部穿经示意图

1—卡纱槽　2—卷布辊　3—经纱　4—气阀　5—钢筘复位　6—钢筘手动移动　7—剑杆　8—综框　9—钢筘　10—选纬器　11—纬纱

（3）纬纱准备。按织造工艺确定的纬纱排列顺序，分别将各品种的纬纱依次穿过断纬自停装置和选纬装置的导纱瓷眼，引入钳纬器，如图18-4所示。

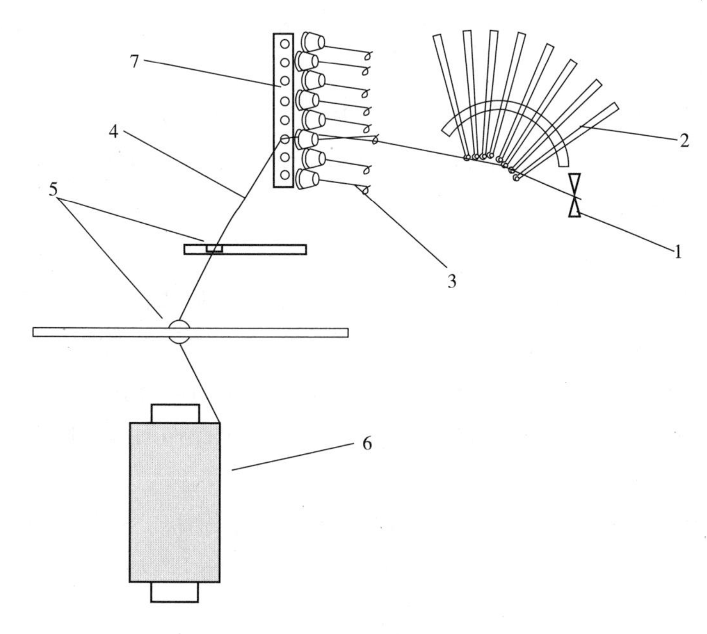

图18-4　纬纱穿纱示意图

1—钳纬器　2—选纬装置　3—张力弹簧装置　4—纬纱　5—导纱器　6—原料筒子　7—断纬自停装置

2. 纹板输入

（1）打开织造控制台计算机，在桌面上双击进入“织样机电脑管理系统”（图18-5）。

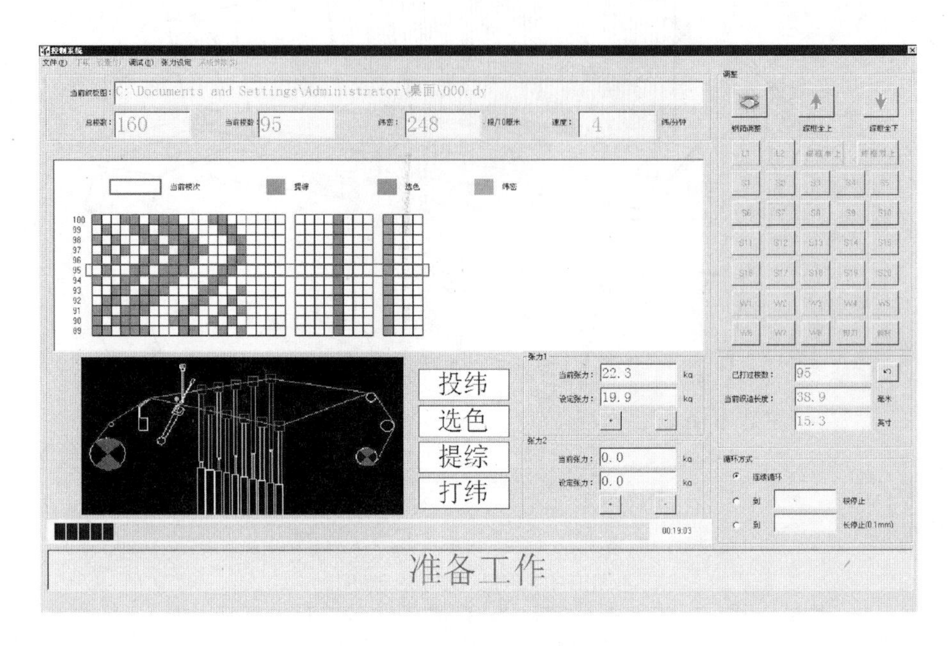

图18-5　织样机电脑管理系统

（2）点击“打样图”菜单，再点击工具栏的“铅笔”图标，在面板左侧区域绘制纹板图，显示绿色点表示经组织点。

（3）在面板中部区域绘制纬纱排列信息，如图18-6所示中间两列点表示选纬器3与选纬器6交替选纬。

（4）在面板右部区域绘制纬密信息，如图18-6所示最右边点列表示纬密始终是“纬密1”中的值。面板下部可在各个纬密填选框中输入纬密值，单位为根/10cm。输入完成后点击“保存”，写入文件名。

3. 织机工艺参数设置

（1）开机/启动。检查并确认织机开口、选纬、引纬、打纬各相关机件的运动在其动程范围内没有异常阻碍后，请按如下步骤启动织机：接通织机外供气源、电源；打开位于织机控制柜内的总电源开关；按动位于控制柜侧面的计算机启动按钮启动计算机，此时按钮旁边的计算机启动指示灯亮；待计算机启动后，打开织机操作面板上的电源旋钮开关，使织机接通电源，此时电源旋钮开关上方的织机电源指示灯亮。

（2）输入张力。双击计算机桌面上的小样机系统快捷图标，运行控制软件；在设置菜单中，点击张力设置，输入预定张力（10~30kg），点击“确定”进入控制系统。

（3）打开纹板文件。进入“织样机电脑管理系统”的控制系统，点击文件菜单，打开刚才设计好的纹板文件。再点菜单中的“下载”，将纹板文件下载至织机中（图18-7），下载完成后准备织造。

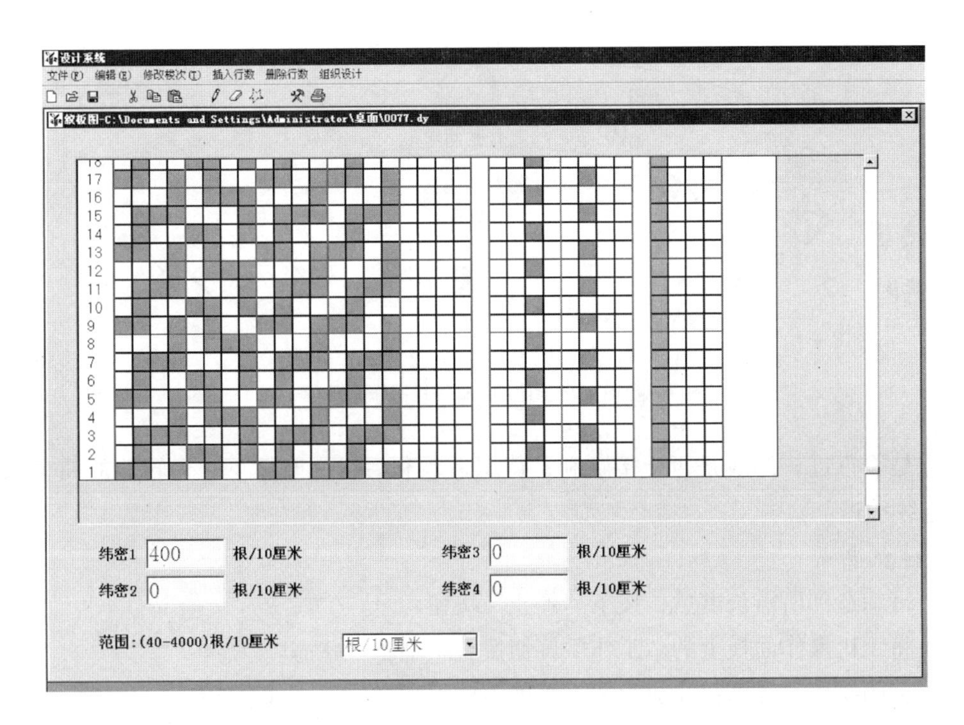

图18-6　纹板设计系统界面

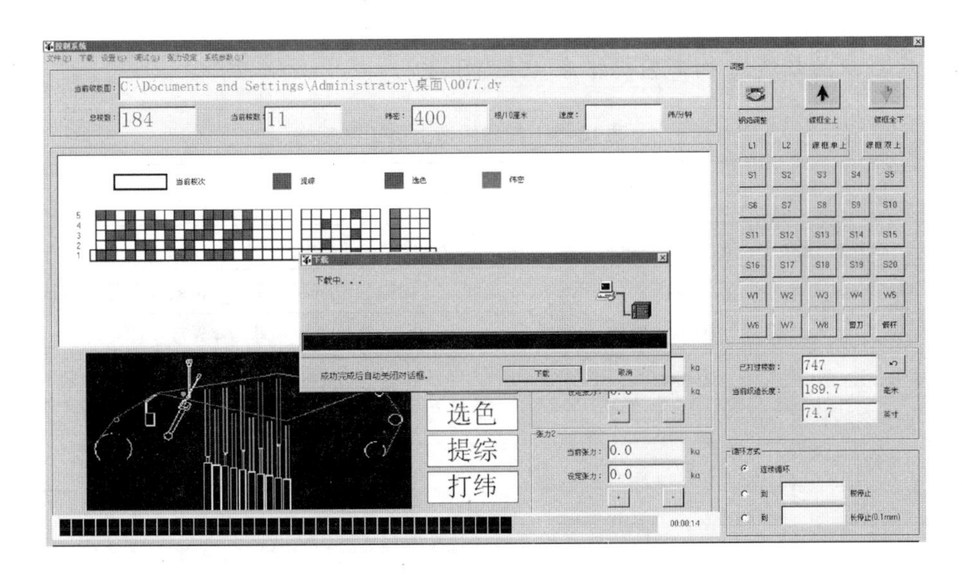

图18-7　将纹板文件下载至织机中

4. **开机织造**

（1）检查并确认织机开口、选纬、引纬、打纬各相关机件的运动在其动程范围内没有异常阻碍后，打开织机操作面板上的电源旋钮开关，织机操作面板如图18-8所示。

（2）穿好纬线，将纬线穿过张力装置绕在正确的引纬器位置上，穿过钳纬器，打开织机操作面板上的“工作”旋钮，检查开口是否清晰，做好织造准备。

（3）先按织机操作面板上的“单步”按钮织造，并在每次开口时检查经线是否提升完

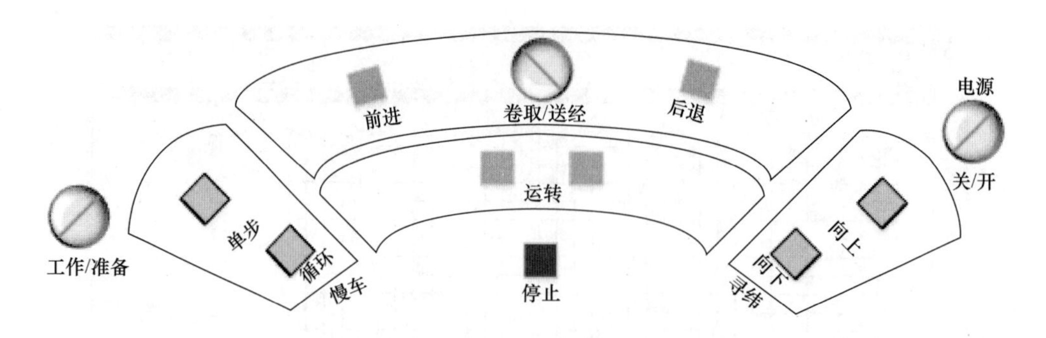

图18-8　全自动小样织机操作面板

全，绞边是否打进，纬线是否交接顺利；待织造顺利后，同时按下“运转”的两个绿色按钮进行连续织造。

5. **停机要点**

（1）待织造到所需长度后，按下“停止”按钮。

（2）将织机操作面板上的“工作”旋钮拨至“准备”状态。

（3）关闭织机和计算机完成织造，用剪刀剪下小样，清理残余纱线。

五、数据与分析

1. **填写织物织造上机工艺规格表（表18-1）**

表18-1　织物织造上机工艺规格

<table>
<tr><td colspan="5">织物组织名称：</td></tr>
<tr><td colspan="2">成品规格</td><td colspan="3">织造规格</td></tr>
<tr><td>门幅</td><td>____cm</td><td rowspan="2">钢筘</td><td colspan="2">内幅____cm+边幅____cm×2=外幅____cm</td></tr>
<tr><td>经密</td><td>____根/10cm</td><td colspan="2">筘号：____号　穿入数：____入</td></tr>
<tr><td>纬密</td><td>____根/10cm</td><td>经线数</td><td colspan="2">内经丝数：____根+边经：____×2根=总经线数：____根</td></tr>
<tr><td>经线组合与色经排列</td><td colspan="4"></td></tr>
<tr><td>纬线组合与色纬排列</td><td colspan="4"></td></tr>
<tr><td>织物组织与上机图</td><td colspan="4">a. 布边组织　b. 布身组织
（1）织物组织　　　　（2）上机图</td></tr>
<tr><td rowspan="2">成品织物小样外观</td><td colspan="2" rowspan="2"></td><td>经向剖面图</td><td></td></tr>
<tr><td>纬向剖面图</td><td></td></tr>
</table>

2. 织物规格计算（表18-2）

表18-2 织物规格

坯布幅宽/cm		上机幅宽/cm	
织造幅缩率/%		织造经密/（根·cm^{-1}）	
内经纱根数/根		坯布经密/（根·cm^{-1}）	
边经纱根数/根		经纱线密度/tex	
总经纱根数/根		纬纱线密度/tex	
每米坯布经纱重量/（g·m^{-1}）		每米坯布纬纱重量/（g·m^{-1}）	
每米坯布重量/（g·m^{-1}）		每平方米坯布重量/（g·m^{-2}）	

注 要求列出原始数据和计算过程。结果计算到两位小数，修约到一位小数。

实验19 大提花小样织机织造工艺设计

一、实验目的与内容

（1）了解大提花小样织机的结构、工作原理。

（2）掌握大提花织机上机工艺参数。

（3）掌握大提花织机的操作步骤。

二、实验设备与工具

SGA598型全自动大提花剑杆织样机、穿综刀、穿筘刀、剪刀。

三、相关知识

1. 大提花小样织机的结构与用途

SGA598型全自动大提花剑杆织样机由控制部分与机械部分组成。控制部分采用PLC和工控机控制，机械部分由气动元件、接近开关、步进电动机等组成，SGA598型全自动大提花剑杆织样机的机械部分分别由高压空气和步进电动机驱动。全机由提花龙头、引纬机构、打纬机构、卷取机构、送经机构、自动选纬机构、纬纱断头自停机构以及电气控制机构等完成织机的五大运动。全自动大提花剑杆织样机的结构如图19-1所示。

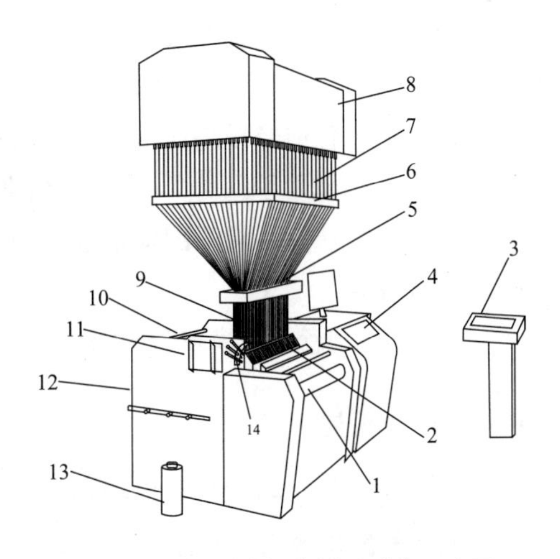

图19-1 全自动大提花剑杆织样机示意图
1—卷取辊 2—钢筘 3—大提花龙头控制台 4—织机控制面板 5—目板 6—底板 7—通丝 8—大提花龙头控制箱 9—综丝 10—后梁 11—纬纱张力装置 12—经轴 13—纬纱原料 14—选纬机构

SGA598型全自动大提花剑杆织样机用于打样大提花织物，该设备适用于棉、毛、丝、麻、化学纤维产品的织造。SGA598型全自动大提花剑杆织样机所用的意匠文件采用浙大经纬的大提花辅助设计软件设计制作，它的经纱上机长度、机梭形状尺寸与新型剑杆织机等比例缩放，保证了经纱张力、经纱伸长率与剑杆织机大体一致，而且运用了与新型剑杆织机许多相同的上机工艺参数调整方式，所以，打样品质控制得非常精密。

2. **纹织工艺设计**

（1）纹样尺寸。纹样的尺寸不能任意决定，它与织物用途、规格、生产设备有密切关系。

纹样的宽度=成品内幅/花数=纹针数×把吊数/成品经密=内经线数/（花数×成品经密）

纹样的长度=花纹所需纬纱根数/成品纬密

（2）意匠图设计。意匠图的纵格代表经线（或纹针）、横格代表纬线（或纹板）。为保证提花织物上的花纹图案不变形，意匠图的纵、横格子比例要与织物成品经、纬密度之比相符合。

提花机装造采用单造时，整幅意匠图上的纵格数与所用纹针数相同；当采用分造装造时，纵格数只与一造的纹针数相同；当分造有大小造时，纵格数与大造纹针数相同。

意匠图上的横格数是由纹样长度、纬密及纬重数决定，而且纵、横格数还必须是花、地组织循环的倍数，具体算法如下。

①纵格数计算。

a. 单造单把吊：

纵格数=一个花纹循环经线数=纹针数

b. 单造多把吊：

纵格数=一个花纹循环经线数/把吊数=纹针数

c. 前后造：

双造及多造（各造经线之比为1：1）：

纵格数=一个花纹循环经线数/造数=一造纹针数

大小造（各造经线之比不等于1：1）：

纵格数=大造纹针数

②横格数计算。意匠图横格数应为花、地组织和边组织纬线循环的倍数。不成倍数时，可以适当增减。

意匠图横格数=纹样长度×纬密/纬重数=纹样长度×表纬纬密

四、任务实施

视频 19–1

视频 19–2

实操见视频19–1和视频19–2。

1. **准备工作**

（1）检查经纱与纬纱品种是否相符。计算织物规格，填好织造工艺单。

（2）在JCAD中做好意匠图和纹板图等文件，将纹板文件（.EP）存入优盘（U盘）中。

2. **大提花纹板文件输入**

（1）把优盘接入大提花龙头控制台的USB接口上，大提花电子龙头系统界面如图19–2

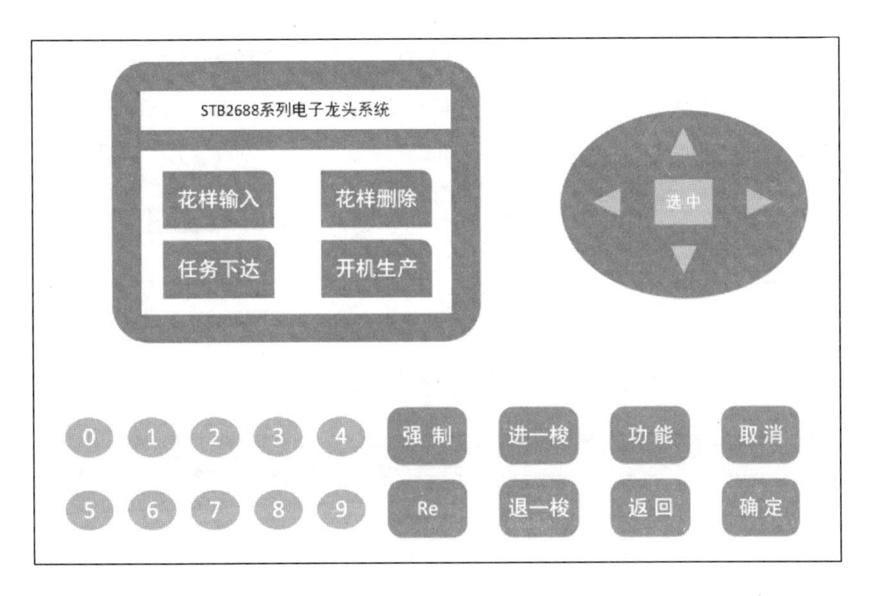

图19-2　大提花电子龙头控制系统界面

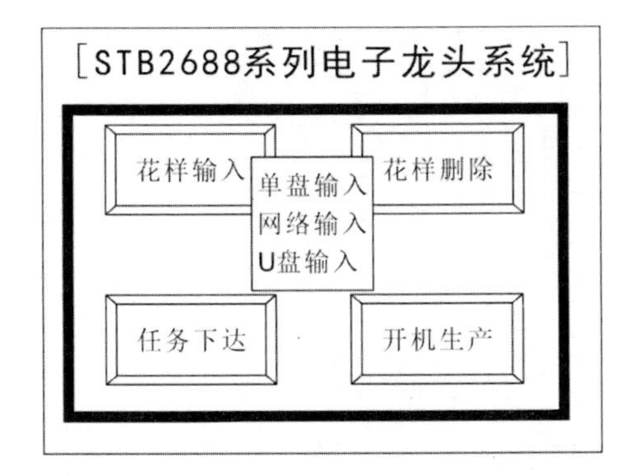

图19-3　大提花电子龙头控制系统花样输入

所示。

（2）打开大提花龙头控制系统，在主界面上点选“花样输入”，移动光标，选择“U盘输入”，如图19-3所示；移动光标找到所需文件点“选中”并按“确定”键。等待片刻，使纹板文件输入到大提花龙头系统中。

（3）纹板输入完毕后，按任意键退回主界面；在主界面上点选“任务下达”，用“↑”“↓”键找到要织造的文件点“选中”，所选文件高亮，然后按“确定”键选中文件；在主界面点选“开机生产”，提花龙头纹板输入操作完毕（图19-4）。

（4）如要删除系统中的纹板文件，在主界面上点选“花样删除”，用“↑”“↓”键找到要织造的文件点“选中”，所选文件高亮，然后按“确定”键选中文件，该文件即被删除。

3. **织机工艺参数设置**

（1）检查并确认织机开口、选纬、引纬、打纬各相关机件的运动处于初始位置，并在其动程范围内没有异常阻碍后，打开织机操作面板上的电源旋钮开关、织机控制台计算机开关、气阀。

（2）打开织机控制台计算机，在桌面上双击

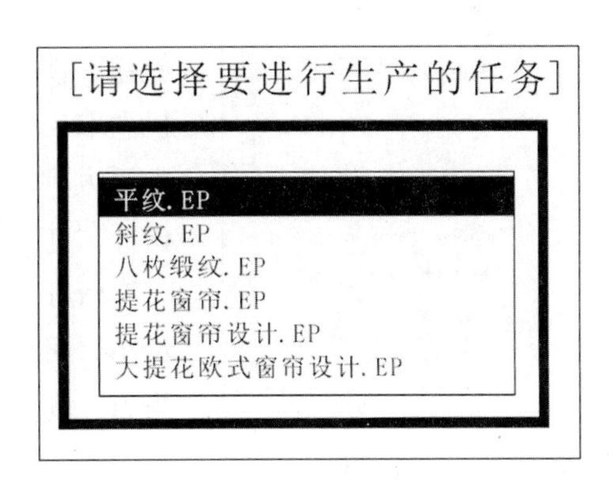

图19-4　大提花电子龙头控制系统下达生产任务

进入“织样机电脑管理系统”；点击“控制系统”菜单，输入“纬密值”，此处“纬密值”指上机纬密，然后确定进入织造控制界面（图19-5）。

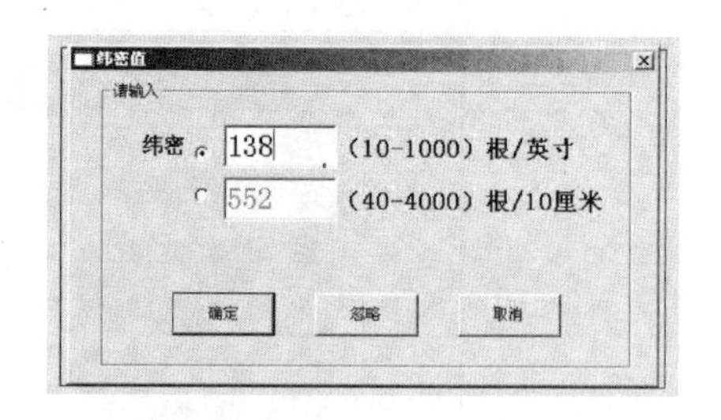

图19-5 织样机电脑管理系统输入纬密

（3）点击“文件”菜单，打开所需的意匠文件（.xy），等待计算机载入文件，直到界面下方显示“准备工作”状态（图19-6）。

（4）经纱张力设置。点击“设置”菜单，选择“其他设置”选项栏，进入张力设置。在张力设置选项框内，输入张力数值（一般范围为30～45kg），输入完毕后点“确定”键，如图19-7所示。

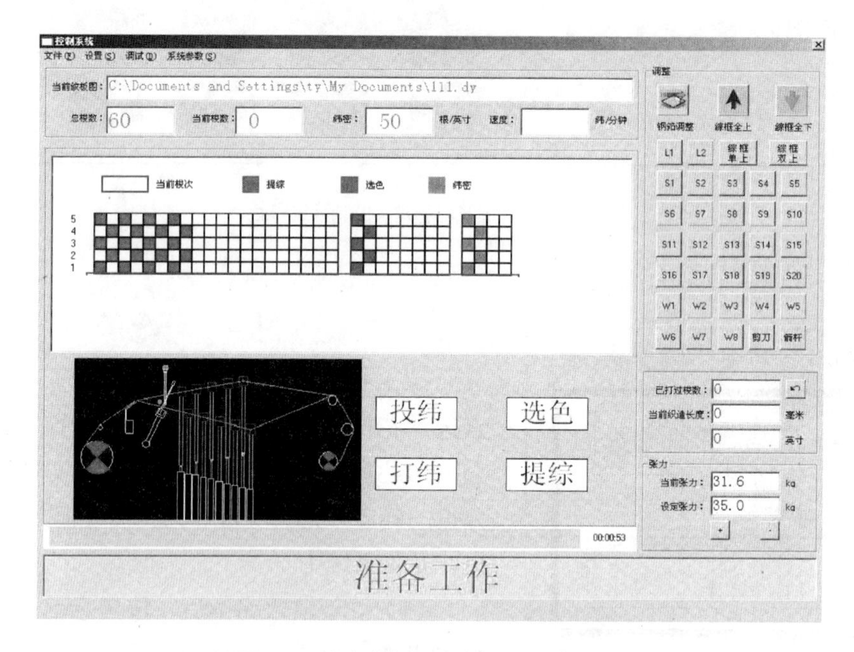

图19-6 织机控制系统“准备工作”界面

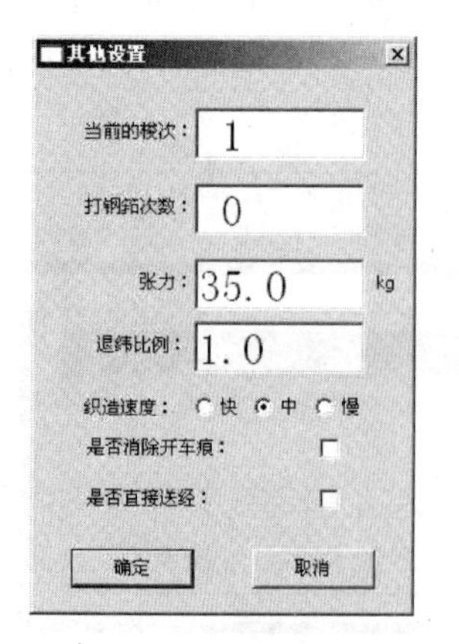

图19-7 织机控制系统“张力设置”界面

（5）调整经纱张力。织机操作面板上转动“卷取/送经”旋钮，使指针打到“卷取”一侧。按住“前进”按钮，此时织机卷取辊缓缓向机前转动，经纱拉伸，张力逐渐增大。等到张力增大到所设置的张力值时，卷取辊和送经轴开始联动。此时松开“前进”按钮，经纱张力设置完毕。

（6）调整纬线张力。在织造过程中若发现纬纱张力过大或过小，可以调整断纬自停装置上张力盘上的螺母，即可使纬纱张力达到适中。

4. 开机织造

（1）穿好纬线，将纬线穿过张力装置绕在正确的选纬器位置上。

（2）转动织机操作面板上的“工作”旋钮，做好织造准备，操作面板如图18-8所示。

（3）按织机操作面板上的“单步”按钮开始分步织造，并在每次开口时检查经线是否提升完全，开口是否清晰，绞边是否打进，纬线是否交接顺利。

（4）待织造顺利后，同时按下“运转”的两个绿色按钮进行连续织造。

（5）断纬处理。纬纱断头时，机器因带有纬纱断头自停机构，会自动停车，将断纬重新穿好并固定在锁边器处，启动织机继续织造。如未及时发现，可以按织机操作面板上的“向上”按钮逐根向上寻纬，直到处理好纬纱断头。

（6）断经处理。经纱断头时，因没有经纱断头自停机构，需要及时停车，把旋钮打在“准备”状态，将织机筘座移至前止点位置，综框处在综平位置；根据分绞线上下层的规律，确定断经线头位置；接好经纱断头后，再依次穿综过筘，用手拉住线头，给予断接经一定的经纱张力；复位筘座位置，把旋钮拨到“工作”位置，继续开车织造。

5. 停机要点

（1）待织造到所需长度后，按下“停止”按钮，将织机操作面板上“工作”旋钮打至“准备”状态。

（2）关闭织机、提花龙头和计算机电源，关闭气泵，完成织造。

五、数据与分析

1. 填写织物织造上机工艺规格表（表19-1）

表19-1　织物织造上机工艺规格

品名				
成品规格	外幅/cm		内幅/cm	
	经密/（根·cm^{-1}）		纬密/（根·cm^{-1}）	
织造规格	筘外幅/cm		筘内幅/cm	
	筘号/（齿·cm^{-1}）		筘穿入数	
	经密/（根·cm^{-1}）		纬密/（根·cm^{-1}）	
	经线原料品种			
	经线排列			
	纬线原料品种			
	纬线排列			
织造机械	设备型号		装造形式	
	储纬器数		主纹针数	

2. 织物规格计算（表 19–2）

表19–2 织物规格

坯布幅宽/cm		钢筘幅宽/cm	
织造幅缩率/%		织造经密/（根·cm^{-1}）	
内经纱根数/根		坯布经密/（根·cm^{-1}）	
边经纱根数/根		经纱线密度/tex	
总经纱根数/根		纬纱线密度/tex	
每米坯布经纱重量/（g·m^{-1}）		每米坯布纬纱重量/（g·m^{-1}）	
每米坯布重量/（g·m^{-1}）		每平方米坯布重量/（g·m^{-2}）	

注 要求列出原始数据和计算过程。结果计算到两位小数，修约到一位小数。

3. 纹织工艺设计（表 19–3）

表19–3 纹织工艺设计

一花宽度/cm		一花长度/cm	
纵格数/格		横格数/格	
投梭排列			
地部组织			
花部组织			

第三章

课程设计篇

实验20　纺织品设计学课程设计

一、实验目的与内容

（1）要求掌握织物测试分析和试制打样等常规实验的操作规程。

（2）要求分析测试织物实样一块，按实验报告形式写出测试分析报告一份，附织物规格表和所测试织物原样，织物原样要求大小为8cm×8cm，大循环织物要求大小至少为一个循环。

（3）将织物测试分析的结果作为依据，仿制（或改进或创新）设计织物一块，制订相应的小样织物规格表，运用纺织品CAD设计系统设计打印出织物仿真模拟纸样（一个系列，三套色），选择其中一款色系，在试样机上织出织物小样一块，要求大小为10cm×10cm，大循环织物要求大小至少为一个循环。

（4）测试分析和设计过程要求独立完成，产品打样要求相互合作完成。

二、实验设备与工具

扭力天平、捻度仪、显微镜、镊子、剪刀、钢尺、照布镜、分析针、烘箱等。全自动试样织机、整经用绕纱框架、小样织机配套工具一套、剪刀。

三、相关知识

视频 20-1

相关内容见视频20-1。

织物工艺规格计算如下。

（1）经纬密度。

坯布经纱密度（根/10cm）=成品经纱密度×（1–染整幅缩率）

坯布纬纱密度（根/10cm）=成品纬纱密度×（1–染整长缩率）

上机经纱密度（根/10cm）=坯布经纱密度×（1–织造幅缩率）=筘号×每筘穿入数

上机纬纱密度（根/10cm）=坯布纬纱密度×（1–下机坯布经向缩率）

下机织物的经向缩率一般为2%～3%。

常见织物的织造缩率及染整缩率参考值见表20–1。

表20–1　常见织物的织造缩率及染整缩率参考值

织物品种	织造长度缩率/%	织造幅缩率/%	染整长度缩率/%	染整幅缩率/%
府绸（棉）	9.0～14.0	1.5～5.0	5.0	6.5～8.5
卡其（棉）	10.0～12.0	2.0～4.0	3.0～5.0	6.5～11.0
凡立丁（毛）	6.0～8.0	5.0～6.0	1.0～5.0	11.0～15.0
华达呢（毛）	10.0～11.0	2.5～3.5	2.0～11.0	6.0～12.0
乔其（桑蚕丝）	7.0～9.0	3.0～4.0	—	—
双绉（桑蚕丝）	9.5～10.5	7.5～8.5	—	—
人造丝软缎（黏胶丝）	2.5～3.5	1.5～2.5	—	—

（2）总经纱根数计算。

$$总经纱根数=成品内幅（cm）\times 成品经密（根/cm）$$

$$=坯布经密（根/cm）\times 坯布幅宽（cm）+边纱根数\times\left(1-\frac{布身每筘穿入数}{布边每筘穿入数}\right)$$

内经纱根数、边经纱根数应修正为筘穿入数的倍数，并尽可能为组织循环、穿综循环的倍数。

（3）筘号和筘幅计算。公制筘号是以10cm内的筘齿数来表示。英制筘号是以2英寸内的筘齿数表示。筘号应根据经纱密度、纬纱织缩率、每筘穿入数及生产实际条件确定，常用的计算方法如下。

$$公制筘号（齿/10cm）=\frac{坯布经密（根/10cm）}{地经每筘穿入数}\times（1-织造幅缩率）$$

英制筘号与公制筘号的换算关系：公制筘号=1.97×英制筘号。

若求得的筘号为小数，应修正为标准筘号，但修正筘号时不应改变织物的密度，可少许改变织物的纬纱织缩率，也就是用选用的筘号重新计算纬纱织缩率。

（4）筘幅。

$$筘外幅（cm）=筘内幅（cm）+布边（cm）\times 2$$

$$筘内幅（cm）=\frac{总经根数-边纱根数\left(1-\dfrac{布身每筘穿入数}{布边每筘穿入数}\right)}{布身每筘穿入数\times 筘号（筘/cm）}$$

计算结果取两位小数，具体选用时，筘的两边应适当增加余筘。在设计生产中，纬纱织缩率、筘号、筘幅三者之间需经常进行反复修正，可采用逐渐接近法确定。

（5）用纱量。用纱量是一个技术与管理相结合的综合指标，对企业的生产成本有很大影响。计算用纱量时，要正确处理用纱量与织物质量之间的关系，在保证质量的前提下，合理节约用纱。

$$百米织物用纱量（kg/100m）=百米织物经纱用纱量+百米织物纬纱用纱量$$

$$百米织物经纱用纱量（kg/100m）$$

$$=\frac{100\times 经纱线密度（tex）\times 总经根数\times（1+加放率）\times（1+损失率）}{1000\times 1000\times（1+经纱总伸长率）\times（1-经纱织缩率）\times（1-经纱回丝率）}$$

$$百米织物纬纱用纱量（kg/100m）$$

$$=\frac{100\times 纬纱线密度（tex）\times 10\times 上机筘幅\times（1+加放率）\times（1+损失率）}{1000\times 1000\times 100\times（1-纬纱回丝率）}$$

损失率指生产过程中的自然损失，一般为0.05%。

加放率也称自然缩率，一般认为自然缩率是指棉布在储存和运输过程中产生的长度收缩，一般为0.5%～0.7%，军工及出口产品为1%～1.2%，由于加工、储存等要求不同，应根据实际情况而定。目前，企业中常采用折幅加放的办法来弥补自然缩率，折幅加放长度一般为5～10mm。

在生产过程中，为了保证质量，操作时必须将纱尾和残次品剔除，这部分原料即为回丝。回丝在生产中有一定的规定，应尽可能降低。正常生产时，回丝的数量很少，只有在管理不良和操作不规范时才会产生较多的回丝。在定额用纱量中统一规定经纱回丝率为0.4%，纬纱回丝率为1.0%，新型织机由于采用假边，纬纱回丝率为2%。

多股线（2股以上）坯布的用纱量按上式计算后再考虑纱线捻缩率。

$$经纱用纱量（kg/100m）=\frac{按单纱计算的经纱用纱量}{1-经纱捻缩率}$$

$$纬纱用纱量（kg/100m）=\frac{按单纱计算的纬纱用纱量}{1-纬纱捻缩率}$$

（6）织物重量。

①织物成品的重量计算。织物成品重量是下机坯布经过最后一道加工工序后的织物重量。

全幅每米成品重量（g/m）=每米成品的经纱重量（g/m）+每米成品的纬纱重量（g/m）

$$每米成品的经纱重量（g/m）=\frac{内经根数\times 1m\times N_{tj}}{1000\times（1-经纱长度总缩率）}+\frac{边经根数\times 1m\times N_{tj}}{1000\times（1-经纱长度总缩率）}\times（1-重量损耗率）$$

$$每米成品的纬纱重量（g/m）=\frac{成品纬密（根/cm）\times 钢筘幅宽（cm）\times N_{tw}}{1000\times 100}\times（1-重量损耗率）$$

$$每平方米成品重量（g/m^2）=\frac{全幅每米成品重量（g）}{成品幅宽（cm）}\times 100$$

真丝绸成品姆米重量（m/m）=每平方米成品重量（g）/4.3056

$$每匹成品重量（kg/匹）=\frac{全幅每米成品重量（g）\times 匹长（m）}{1000}$$

式中：N_{tj}——经纱密度，根/10cm；

N_{tw}——纬纱密度，根/10cm。

上述各式中当纱线的线密度不同时，需要逐个分别计算。式中经纱长度（幅宽）总缩率是指经过准备、织造及染整等各工序加工过程后的长度（幅宽）收缩率，可根据同类型产品资料加以估算。

重量损耗率是指坯布经过整理后重量的变化。

$$重量损耗率=\frac{坯布重量（g）-成品重量（g）}{坯布重量（g）}\times 100\%$$

各类织物的重量损耗率见表20-2。

表20-2　织物重量损耗率

织物品种	织物重量损耗率/%	织物品种	织物重量损耗率/%
桑蚕丝织物	24左右	花呢	2～3
黏胶丝织物	6～8	海力司（轻缩绒）	10左右
普通棉织物	10左右	粗制服呢（中缩绒）	12左右

续表

织物品种	织物重量损耗率/%	织物品种	织物重量损耗率/%
厚重棉织物	8左右	大衣呢（重缩绒）	10左右
凡立丁	3~5	华达呢	3~7

②坯布重量是指织物下机后未经任何后处理的重量。

每米坯布经纱重量（g/m）=每米坯布经纱重量（g/m）+每米坯布纬纱重量（g/m）

$$每米坯布经纱重量（g/m）=\frac{内经根数\times 1m\times N_{tj}}{1000\times（1-经纱织造长度缩率）}+\frac{边经根数\times 1m\times N_{tj}}{1000\times（1-经纱织造长度缩率）}$$

$$每米坯布纬纱重量（g/m）=\frac{坯布纬密（根/cm）\times 100\times 在机幅宽（cm）\times N_{tw}}{1000\times 100}$$

$$每平方米坯布重量（g）=\frac{每米坯布重量（g）}{坯布幅宽（cm）}\times 100$$

$$每匹坯布重量（kg/匹）=\frac{每米坯布重量（g）\times 匹长（m）}{1000}$$

上述各式中当纱线的线密度不同时，需逐个分别计算。

（7）单位换算。

①常用纺织专业计量单位与换算（表20-3）。

表20-3　常用纺织专业计量单位与换算

名称	原用单位	现用单位		换算关系	备注
纯棉纱细度	英支	特（克斯）	tex	$特克斯数=\frac{583.08}{英制支数}$	今后不单独用“英支”
毛纱、麻纱细度	公支	特（克斯）	tex	$特克斯数=\frac{1000}{公制支数}$	今后不单独用“公支”
丝纤度	旦	特（克斯）	tex	特克斯数≈0.11×旦尼尔数	今后不单独用“旦尼尔”“公支”
麻纤维支数	公支	特（克斯）	tex	$特克斯数=\frac{1000}{公制支数}$	今后不单独用“公支”
羊毛细度	微米，公支，支	微米 特（克斯）	μm tex	$特克斯数=\frac{1000}{公制支数}$	品质支数仍用原单位“支”，不用“公支”
单纤维单纱强力	克，克力	牛（顿） 厘牛（顿）	N cN	1gf≈0.0098N≈0.98cN	今后不用“克”“克力”
单纤维强度	克力/旦	厘牛（顿）每分特（克斯）	cN/dtex	1gf/旦≈0.088N/ tex 0.8827cN/ dtex	今后不用“克/旦”“克力/旦”

②棉纱干重、线密度与英支折算（表20-4）。

表20-4　干重、线密度与英支折算公式表

棉纱类别	100m纱干重（g_0）计算公式		线密度（Tt）、英支（Ne）折算公式	
	公定回潮率/%	干重/（$g\cdot100m^{-1}$）	英制回潮率/%	折算公式
纯棉纱	8.5	$g_0=\frac{Tt}{10.85}$	9.89	$N_e=\frac{583.08}{Tt}$
T/R 65：35	4.8	$g_0=\frac{Tt}{10.48}$		$N_e=\frac{590.55}{Tt}$
V/C 50：50	6.75	$g_0=\frac{Tt}{10.675}$	7.45	$N_e=\frac{586.70}{Tt}$
T/C 30：70	6.07	$g_0=\frac{Tt}{10.607}$	7.04	$N_e=\frac{585.20}{Tt}$
T/C 65：35	3.24	$g_0=\frac{Tt}{10.234}$	3.72	$N_e=\frac{587.82}{Tt}$

③常用换算公式。

公制支数（N）与旦尼尔（旦）的换算公式：1旦=9000/N。

英制支数（S）与旦尼尔（旦）的换算公式：1旦=5315/S。

分特克斯（dtex）与特克斯（tex）的换算公式：1tex=10dtex。

特克斯（tex）与旦尼尔（旦）的换算公式：1tex=旦/9。

特克斯（tex）与公制支数（N）的换算公式：1tex=1000/N。

分特克斯（dtex）与旦尼尔（旦）的换算公式：1dtex=10旦/9。

分特克斯（dtex）与公制支数（N）的换算公式：1dtex=10000/N。

公制厘米（cm）与英制英寸（inch）的换算公式：1inch=2.54cm。

公制米（m）与英制码（yd）的换算公式：1yd=0.9144m。

四、任务实施

1. 织物分析

（1）确定织物的正反面、经纬向。一般来说，光泽好、织纹清晰的为正面。密度大的为经向，且经纱捻度较大。纱线较粗的为纬纱。

（2）鉴别各类织物所用的原料（混纺短纤纱要求测出混纺比）、细度，测定纱线的捻向、捻度，确定织物的经纬组合。

纤维鉴别方法：燃烧法、显微镜观察法等常用纤维鉴别方法。

混纺比：化学溶解法。

细度：测长称重法。

纱线捻度捻向：纱线捻度仪测量。

（3）成品规格计算。用密度镜测得成品经密、成品纬密。

根据分析数据，推导并计算织物规格表要求的所有内容。如计算织物的经丝数、筘幅、筘号、重量，设计穿入数等，填写织物规格表（分析）。

（4）翻拍织物，将织物实物（如果织物分析过程破坏了织物实物，可用织物照片代替）贴在规格表上。

2. **织物设计**

（1）设计思路。根据收集的面料，针对性地发散思维，根据织物紧度不变的原则，设计织物经纬密度。通过对每一块织物花型的分析，再结合自己的创新思路与想法，针对对称风格进行组织设计。

用蜂巢组织所织成的织物比较松软，由于木纤维或棉纤维具有较强的吸水性，常用来织制洗碗布、床毯等。服用织物常用简单蜂巢组织或变化蜂巢组织与其他组织（如平纹）联合，以形成各种花型效果。

（2）CAD组织设计。

①打开“SD2012织物设计系统”，主界面如图20–1所示。

②使用铅笔工具，在意匠格上画出上机图，如图20–2所示。

③点击“视图”菜单，选择“快速模拟”选项，模拟组织效果，如图20–3所示。

④点击“选项”菜单，选择“色经色纬循环”选项，设计配色模纹色经色纬排列循环，如图20–4所示。完成后点击“确定”按钮。

⑤点击“视图”菜单，选择“快速模拟”选项，模拟配色模纹效果，如图20–5所示。

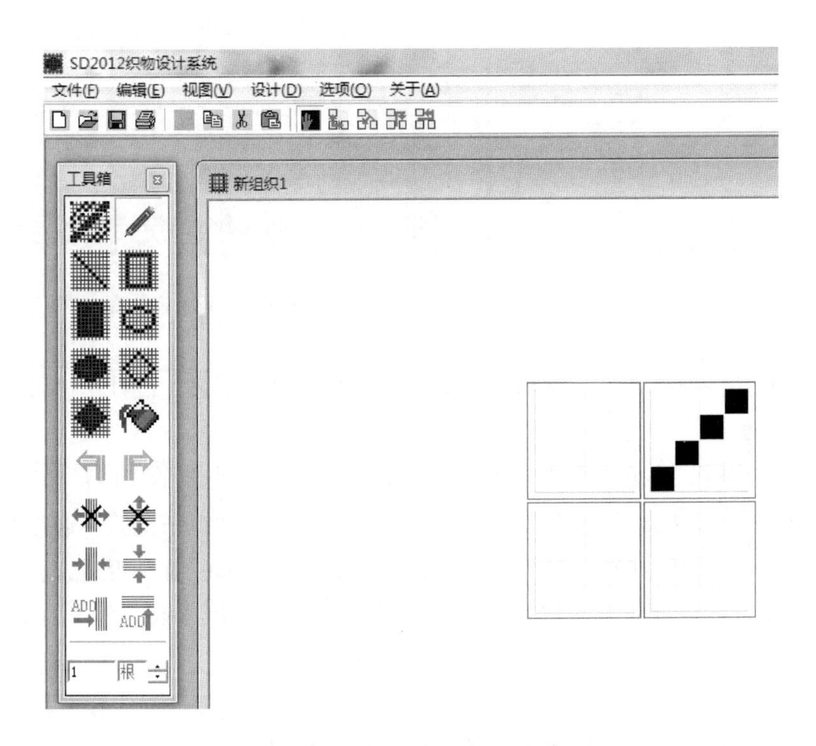

图20–1 “SD2012织物设计系统”主界面

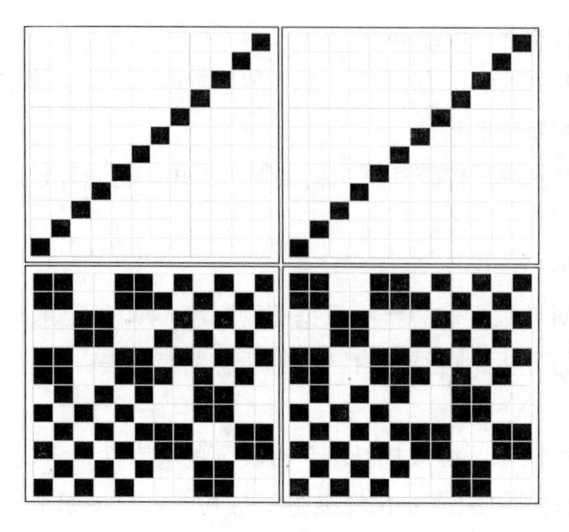

图20-2　绘出上机图

图20-3　快速模拟组织效果

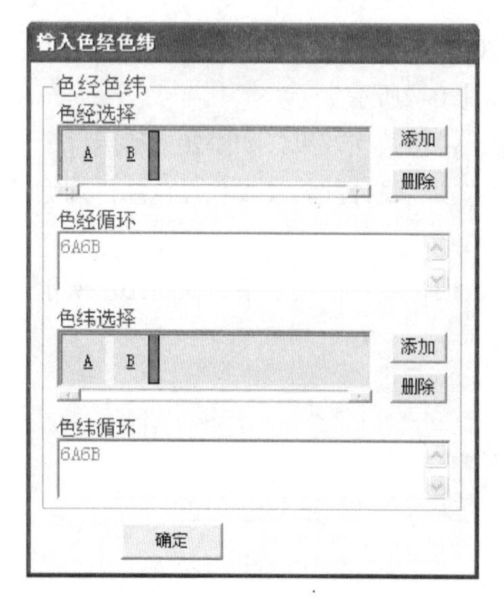

图20-4　色经色纬设计

图20-5　配色模纹模拟效果

（3）挑选经纬纱原料，计算上机规格参数，填写织物规格表（设计）。

3. **小样试织**

小样机试织也称试小样，是纺织品设计课程设计的一个重要的实践环节，在经过织物构思设计、织物组织结构设计、产品规格设计后，必须通过试织来检验。通过小样机试织，能看到实物效果，可验证原料、组织、密度、捻度等的选择和配置是否适宜，样品的外观、手感、厚薄是否符合设计要求，以暴露设计产品在内在质量和技术上存在的不足或其他意想不到的问题，通过规格的修正，获得准确、合理的生产工艺。通过试制与工艺调整，可提高规格设计和组织设计的精确性，进一步提高设计水平，使设计与实践有机的结合。

（1）检查织物规格表和织物组织，检查参数是否合理。

（2）根据设计要求选择经纬原料，纬纱准备，经纱整经。

（3）根据穿综规律，用穿综钩逐一将经纱穿过综丝。

（4）根据设计要求，选择好钢筘；根据穿筘规律，用插筘片分别将经纱穿过钢筘。

（5）根据上机图，将纹板规律输入全自动试样织机的控制计算机。

（6）调整好经纱张力，进行试车织造。

（7）检查织物与预期结果是否相符，并要求找出原因。

（8）在上机穿综时，可将经纱分为两部分，分别采用不同的穿综方法。

（9）在保证试制织物宽度和不改变穿综的情况下，每一种纹板，可同时织出平行排列的两块织物，改变纹板规律和纬纱原料及排列方式，可试制出多块外观风格不同的织物实样，提高试织效率。

（10）下机后，清理织机上的残余纱线。测量坯布织物规格参数，填写织物规格表（小样）。

（11）翻拍织物，将织物实物照片贴在规格表上。

五、数据与分析

1. 织物分析规格表（表 20–5）

表20–5 织物分析规格

<table>
<tr><td>品号</td><td colspan="2"></td><td>织机类型</td><td></td></tr>
<tr><td colspan="4">钢筘：筘内幅____cm+布边____cm × 2=钢筘外幅____cm</td><td>筘号：____齿/cm____根/筘齿</td></tr>
<tr><td colspan="5">总经：A____+B____+C____+D____+E____+2 × 边经=总经______根</td></tr>
<tr><td rowspan="5">经原料组合</td><td colspan="2">A：例如，50S 棉 780 T/m 白色</td><td rowspan="5">原料用量/（$g\cdot m^{-1}$）</td><td rowspan="7">基本组织</td></tr>
<tr><td colspan="2">B：</td></tr>
<tr><td colspan="2">C：</td></tr>
<tr><td colspan="2">D：</td></tr>
<tr><td colspan="2">E：</td></tr>
<tr><td rowspan="5">纬原料组合</td><td colspan="2">A：</td><td rowspan="5">原料用量/（$g\cdot m^{-1}$）</td></tr>
<tr><td colspan="2">B：</td></tr>
<tr><td colspan="2">C：</td><td>坯布规格</td></tr>
<tr><td colspan="2">D：</td><td>外幅：____cm</td></tr>
<tr><td colspan="2">E：</td><td>内幅：____cm</td></tr>
<tr><td rowspan="4">成品规格</td><td>外幅：____cm</td><td>成品长度：____m</td><td rowspan="4">总重量/（$g\cdot m^{-1}$）</td><td>经密：____根/cm</td></tr>
<tr><td>内幅：____cm</td><td>平方米重：____g/m^2</td><td>纬密：____根/cm</td></tr>
<tr><td>经密：____根/英寸</td><td>每米克重：____g/m</td><td>上机纬密：____根/cm</td></tr>
<tr><td>纬密：____根/英寸</td><td>平方码重：____OZ/Y^2</td><td>落布长度：____m</td></tr>
<tr><td colspan="5">边筘齿：____齿 边经数：____根 ____根/齿 × ____齿 边组织：______</td></tr>
</table>

2. 织物设计规格表（表20-6）

表20-6 织物设计规格

<table>
<tr><td>品号</td><td colspan="2"></td><td>织机类型</td><td></td></tr>
<tr><td colspan="4">钢筘：筘内幅____cm+布边____cm×2=钢筘外幅____cm</td><td>筘号____齿/cm____根/筘齿</td></tr>
<tr><td colspan="5">总经：A____+B____+C____+D____+E____+2×边经=总经______根</td></tr>
<tr><td rowspan="5">经原料组合</td><td colspan="2">A：例如，50S 棉 780T/m白色</td><td rowspan="5">原料用量/（$g \cdot m^{-1}$）</td><td rowspan="7">基本组织</td></tr>
<tr><td colspan="2">B：</td></tr>
<tr><td colspan="2">C：</td></tr>
<tr><td colspan="2">D：</td></tr>
<tr><td colspan="2">E：</td></tr>
<tr><td rowspan="5">纬原料组合</td><td colspan="2">A：</td><td rowspan="5">原料用量/（$g \cdot m^{-1}$）</td></tr>
<tr><td colspan="2">B：</td></tr>
<tr><td colspan="2">C：</td><td>坯布规格</td></tr>
<tr><td colspan="2">D：</td><td>外幅：____cm</td></tr>
<tr><td colspan="2">E：</td><td>内幅：____cm</td></tr>
<tr><td rowspan="4">成品规格</td><td>外幅：____cm</td><td>成品长度：____m</td><td rowspan="4">总重量/（$g \cdot m^{-1}$）</td><td>经密：____根/cm</td></tr>
<tr><td>内幅：____cm</td><td>平方米重：g/m^2</td><td>纬密：____根/cm</td></tr>
<tr><td>经密：____根/英寸</td><td>每米克重：____g/m</td><td>上机纬密：____根/cm</td></tr>
<tr><td>纬密：____根/英寸</td><td>平方码重：OZ/Y^2</td><td>落布长度：____m</td></tr>
<tr><td colspan="5">边筘齿：____齿 边经数：____根 ____根/齿×____齿____边组织：______</td></tr>
</table>

3. 织物小样规格表（表20-7）

表20-7 织物小样规格

<table>
<tr><td>品号</td><td></td><td>织机类型</td><td></td></tr>
<tr><td colspan="3">钢筘：筘内幅____cm+布边____cm×2=钢筘外幅____cm</td><td>筘号：____齿/cm____根/筘齿</td></tr>
<tr><td colspan="4">总经：A____+B____+C____+D____+E____+2×边经=总经______根</td></tr>
</table>

续表

<table>
<tr><td rowspan="5">经原料组合</td><td colspan="2">A：例如，50S 棉 780T/m白色</td><td rowspan="5">原料用量/（g·m^{-1}）</td><td rowspan="7">基本组织</td></tr>
<tr><td colspan="2">B：</td></tr>
<tr><td colspan="2">C：</td></tr>
<tr><td colspan="2">D：</td></tr>
<tr><td colspan="2">E：</td></tr>
<tr><td rowspan="5">纬原料组合</td><td colspan="2">A：</td><td rowspan="5">原料用量/（g·m^{-1}）</td></tr>
<tr><td colspan="2">B：</td></tr>
<tr><td colspan="2">C：</td><td>坯布规格</td></tr>
<tr><td colspan="2">D：</td><td>外幅：____cm</td></tr>
<tr><td colspan="2">E：</td><td>内幅：____cm</td></tr>
<tr><td rowspan="4">成品规格</td><td>外幅：____cm</td><td>成品长度：____m</td><td rowspan="4">总重量/（g·m^{-1}）</td><td>经密：____根/cm</td></tr>
<tr><td>内幅：____cm</td><td>平方米重：____g/m^2</td><td>纬密：____根/cm</td></tr>
<tr><td>经密：____根/英寸</td><td>每米克重：____g/m</td><td>上机纬密：______根/cm</td></tr>
<tr><td>纬密：____根/英寸</td><td>平方码重：____OZ/Y^2</td><td>落布长度：____m</td></tr>
<tr><td colspan="5">边筘齿：____齿 边经数：____根 ____根/齿×____齿 边组织：______</td></tr>
</table>

4. 织物小样实物

实验21 纺织工艺设计

一、实验目的与内容

（1）查阅牛仔布面料的流行品种及发展趋势，收集牛仔布新型面料，并进行面料分析。

（2）设计一种牛仔布品种，并进行工艺设计。包括原料选择，织物规格设计；工艺流程、设备选型及设备技术特征；织物技术参数及织物平方米重量计算；设备配备数计算；产品工艺参数设计；产品价格核算。

（3）绘制车间工艺布置图。根据工艺流程及机台配备数完成车间工艺图的绘制，车间布置应结合厂区总平面布置、厂房形式、柱网尺寸、工厂规模、产品种类、生产工艺流程、安全防火、卫生规范和机器排列方案等综合考虑后进行全面规划、统筹安排。

二、实验设备与工具

Y331A型纱线捻度仪、FA2104SN型电子天平、直尺、Y511B型织物密度镜、酒精灯、KI–I的饱和溶液等。

三、相关知识

相关内容见视频21–1。

视频 21–1

1．织造工艺流程及设备

（1）白坯织物。白坯织物以本色棉纱线或棉型纱线为原料，一般经漂、染、印花等后整理加工。白坯织物生产的特点是产品批量大，大部分织物组织比较简单（主要是平纹、斜纹和缎纹组织）。在无梭织机上加工时，为减少织物后加工染色差异，纬纱一般以混纬方式织入。

①加工流程。根据经纬纱线的形式和原料，织造白坯织物时工艺流程通常有以下几种。

a．单色纯棉织物。

经纱　原纱→络筒→分批整经→浆纱→穿结经

纬纱｛（有梭）原纱直接纬或间接纬→给湿→织布→坯布整理
（无梭）原纱→络筒——┘

b．单纱涤/棉织物。

经纱　涤/棉原纱→络筒→分批整经→浆纱→穿结经

纬纱｛（有梭）涤/棉原纱→络筒→蒸纱定捻→卷纬→织布→坯布整理
（无梭）涤/棉原纱→络筒→蒸纱定捻

c．股线织物。

经纱　股线→络筒→分批整经→并轴上轻浆或过水→穿结经

纬纱｛（有梭）股线管纬——→织布→坯布整理
（无梭）股线→络筒——┘

d．棉坯布整理的工艺流程。

验布→（刷布→烘布）→折布→分等→修织洗→复验、拼件
↓
入库←成包

②工艺设备。

a．络筒机。经、纬纱线首先经络筒加工。采用电子清纱器、捻接技术和捻接后的验结是络筒加工的发展方向，在涤棉纱络筒时，为了减少静电和毛羽的产生，应尽量使用电子清纱器。

b．整经机。整经加工的重点是控制纱线的单纱和片纱张力均匀程度，为此，提出了络筒定长和整经集体换筒的要求。为适应整经高速化的需要，整经筒子架和张力装置的结构形式一般选用低张力的V形筒子架，筒子架上导纱棒式张力装置产生较低的经纱张力，主要利于经纱张力均匀程度的分区调整。

c．浆纱机。棉型经纱上浆通常以淀粉、PVA和丙烯酸类浆料作为黏着剂。采用单组分浆料或组合浆料是上浆技术的发展方向，它不仅简化了调浆操作，而且有利于浆液质量的控制和稳定。上浆过程中合理的浸压方式、压浆力以及湿分绞、分层预烘、分区经纱张力控制等，都是保证上浆质量的重要措施。

在高密阔幅织物加工时，经纱在浆槽中的覆盖系数是上浆质量的关键，覆盖系数应小于50%。为解决这一矛盾，普遍采用了双浆槽上浆方法。双浆槽上浆有利于降低覆盖系数，但是，对两片经纱的平行上浆工艺参数的控制也提出了很高要求，两片经纱的上浆率、伸长率应当均匀一致。

d．织机。在高密和稀薄织物的加工中，有梭织机的产品质量往往不能满足高标准的织物质量要求，织物横裆一直是主要的降等疵点。无梭织机的应用大大缓解了这些问题，消除了各种可能引起横裆织疵的因素。在白坯织物生产中，轻薄、中厚织物的加工通常采用喷气织机，厚重织物加工一般使用剑杆织机或片梭织机。

在有梭织机上加工织物时，纬纱可以是直接纬纱或间接纬纱。间接纬纱的纡子卷装成形较好，容纱量也较大，对提高织物质量、减少纬向织疵是十分有利的。如果以涤棉纱作为纬纱，则纬纱准备加工必须采用间接纬工艺，因为涤棉纱需要进行蒸纱定捻处理。涤棉纬纱定捻是减少纬缩疵点的重要措施。

（2）色织物。色织物由经、纬色纱交织而成。色织物设计中通常以色纱和织物组织结构相结合的手法来体现花纹效应，因此，花型变化比较灵活，花纹层次细腻丰富，有立体感，花纹比较逼真、饱满。色织物的外观特色决定了色织物生产的小批量、多品种特点。

①加工流程。色织物的生产工艺流程有很多种形式，部分传统的工艺流程只适用于落后的织造设备，生产质量较差的产品。生产工艺流程的选择应考虑产品的批量、色纱的染色方法和染色质量、织造顺利进行等因素，要根据实际情况尽量采用新工艺、新技术，以提高织物的产品质量。两种比较常见的色织工艺流程如下。

a．分批整经上浆工艺流程。

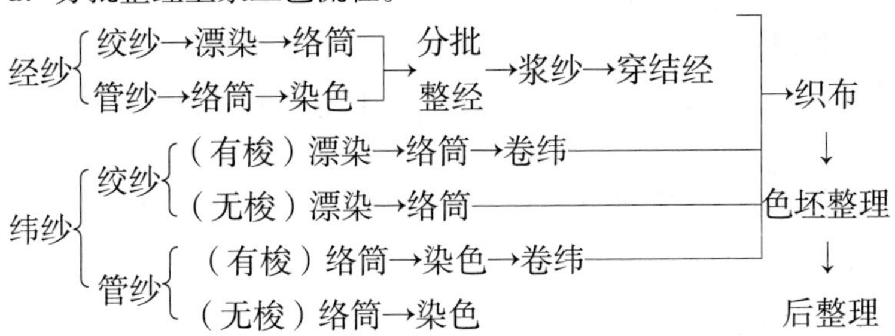

b．股线、花式线等分条整经免浆工艺流程。

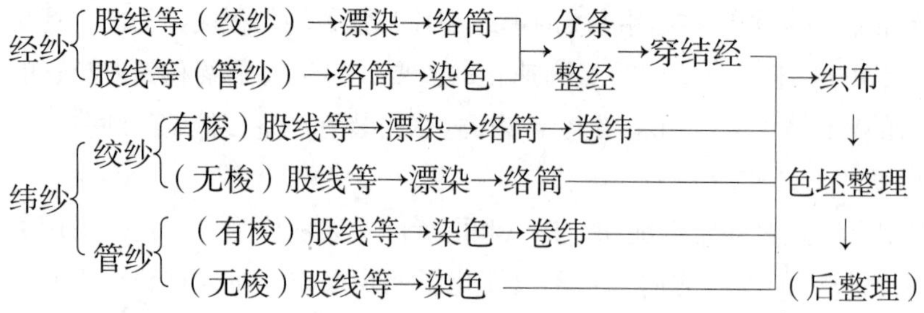

②工艺设备。

a. 织前准备设备。在整经和浆纱工序中，按照织物产品的花型要求进行色纱排列，称为排花型。排花型需要劈花设计，所谓劈花，即确定一个经纱配色循环中色经排列的起止位置。其主要目的是：使用时便于拼花，整理时便于加工，使坯布面色彩左右对称，不会偏于一侧。整经和浆纱排花型是色织工艺的重要特点，它对织物的外观质量起着决定性作用。在色纱整经过程中，色纱与导纱部件、张力装置的摩擦系数受纱线色泽及染料影响，为保证片纱张力均匀程度，张力装置的工艺参数设计要考虑这一因素。部分新型分条整经机采用间接张力装置，从而排除了这项不利因素，给工艺设计和张力装置的日常管理带来便利，同时满足了经纱的片纱张力均匀性要求。由于漂染纱线色泽繁多，色织物组织结构复杂，织造难度较大，因此，对色纱的上浆要求也较高。色纱上浆时应注意合理选用浆料、合理制订上浆工艺，使经纱从耐磨、增强和毛羽降低等方面得到提高，同时应注意防止色纱变色和沾色，保持色纱色泽的鲜艳。

b. 织机。色织生产使用的织机一般为选色功能较强的多梭箱有梭织机、剑杆织机和喷气织机，织机通常配有多臂开口机构或提花开口机构，用于复杂花型的织制。在有梭织机上加工时，为提高产品的质量，纬纱准备应采取间接纬工艺。

2. 配台数计算

在新厂设计和日常生产中，必须使织厂各工序的生产能力保持一定的比例关系，才能协调平衡，使各工序生产出必要和足够的半制品，以供各工序进一步加工。这种不同工序生产能力相适应的关系称为各工序机台的配台，简称配台。

进行配台必须要进行周密的计算，首先应确定一些基本参数。

（1）设备基本参数的确定。设备速度的确定。设备速度即车速，一般指纱线织成织物在该机器上前进的线速度，对织机而言，是单位时间引纬根数（即织机主轴的转速）或长度；对穿经而言，是指单位时间内穿经或结经根数。

确定各工序的车速应根据机器性能、产品品种等因素而定。在满足工艺要求、保证产量质量、减少消耗、降低成本的条件下，发挥设备的能力。但在配台计算时，还应进行综合考虑。

例如，织前准备各工序的车速，宜取较低车速，以便留有余地，使半成品的供应能够满足织机生产能力进一步提高或进行多品种生产的需要。而织机的速度可取较高值，以充分发挥织机的能力，增加成品的产量。

（2）机器时间效率的确定。机器在生产过程中，每台机器都需在必要时停止运转，以便处理断头、疵点，更换半成品和落下产品，处理一般机械故障，布置工作地点以及个人自然需要等。从而使设备的实际运转时间少于理论运转时间，也即实际生产率小于理论生产率。这种有效时间利用率称为时间效率K。

$$K=\frac{T_{实}}{T_{理}}\times 100\%=\frac{Q}{Q_1}\times 100\%$$

式中：$T_{实}$——机器实际运转时间，h；

$T_{理}$——机器理论运转时间，h；

Q——机器实际生产率，m/（台·h）；

Q_1——机器理论生产率，m/（台·h）。

进行配台计算所采用的各工序时间效率是根据长期实际生产的测定资料，经过统计分析取得的平均数据。一般，织前准备各工序的时间效率取较低值、织机取较高值。

（3）计划停台率。织厂的机器设备需要有计划地进行各种维修检查，以防止运转中产生故障，造成机器、产品和人身的损伤，因而会造成较长时间的停车，致使一部分机器实际不能投入生产运转。这种停台率称为计划停台率，即预先计划定期维修而造成的机器停车时间占大修理周期内理论运转时间的百分率。

$$计划停台率E=\frac{T_2}{T_1}\times 100\%$$

式中：T_1——大修理周期内理论运转时间；

T_2——大修理周期内各项维修停台时间之和。

纺织厂设备维修的内容有大平车（大修理）、小平车、重点检修、揩车等。30min以上停车的机器故障也纳入计划停台率，由长期经验统计而得。计划停车率统一由部委颁发“设备维修管理制度”规定的有关维修周期和保全保养劳动组织等，进行计算。

（4）各工序定额生产率计算。织前准备各工序的定额生产率一般指每小时实际生产的纱线重量（公定回潮率下），织造及整理是指每小时实际生产的织物长度。

①络筒机定额生产率。

$$Q=\frac{60v\mathrm{Tt}}{10^6}K$$

式中：Q——定额生产率，kg/（锭·h）；

v——络筒速度，m/min；

Tt——纱线线密度，tex；

K——络筒机时间效率。

②整经机定额生产率。

a. 分批整经机。

$$Q=\frac{60mv\mathrm{Tt}}{10^6}K$$

式中：Q——定额生产率，kg/（台·h）；

v——整经速度，m/min；

m——整经根数；

Tt——纱线线密度，tex；

K——分批整经机时间效率。

b．分条整经机。

$$Q=\frac{60v_1v_2M_\mathrm{T}\mathrm{Tt}}{(v_1+Nv_2)10^6}K$$

式中：Q——定额生产率，kg/（台·h）；

v_1——整经速度，m/min；

v_2——倒轴速度，m/min；

M_T——总经根数；

Tt——纱线线密度，tex；

N——并合数；

K——分批整经机时间效率。

或由经验公式求出，如下式。

$$Q=\frac{60v_1M_\mathrm{T}\mathrm{Tt}}{1.4\times10^6}K$$

③浆纱机定额生产率。

$$Q=\frac{60M_\mathrm{T}v\mathrm{Tt}}{10^6}K$$

式中：Q——定额生产率，kg/（台·h）；

v——浆纱机速度，m/min；

M_T——总经根数；

Tt——纱线线密度，tex；

K——浆纱机时间效率。

④穿经定额生产率。

$$Q_1=\frac{vL\mathrm{Tt}}{10^6}K$$

或

$$Q_2=\frac{v}{M_\mathrm{T}}$$

式中：Q_1——定额生产率，kg/（台·h）；

Q_2——定额生产率，轴/（台·h）；

v——实际穿经速度，根/h；

M_T——总经根数；

Tt——纱线线密度，tex；

L——织轴绕纱长度，m。

⑤卷纬机定额生产率。

$$Q=\frac{60v\text{Tt}}{10^6}K$$

式中：Q——定额生产率，kg/（台·h）；

v——卷纬机线速度，m/min；

Tt——纱线线密度，tex；

K——卷纬机时间效率。

⑥织机定额生产率。

$$Q=\frac{60n}{10P_w}K$$

式中：Q——定额生产率，m/（台·h）；

n——织机车速，r/min；

P_w——织物纬密，根/10cm；

K——织机时间效率。

⑦验布机、刷布机、烘布机、折布机定额生产率。

$$Q=60vK$$

式中：Q——定额生产率，m/（台·h）；

v——布的前进速度，m/min；

K——各机时间效率。

（5）织机台数的确定。织机总的公称台数已知，并知道各类织物的产量比率。需要按产品的比率确定各类织物分配织机的台数。

首先应根据车间排列和工人看台确定实际配备的织机总台数，再根据各类织物定额生产率的比率算出各类织物分配的织机台数。

其计算方法如下。

设任务规定有三种织物。

已知：

其产量百分比率为$A:B:C$；

车速分别为n_a、n_b、n_c；

纬密分别为P_a、P_b、P_c；

时间效率分别为K_a、K_b、K_c；

织机计划停台率为E；

织机总台数为M；

各类织物织机定额台数为Mt。

求：各类织物分配的计算台数M_a、M_b、M_c。

解：各类织物的定额生产率：

$$Q_t=\frac{60n_t}{10P_t}K_t$$

各类织物的总产量：

$$Z_t（m/h）=Q_tM_t（1-E）=\frac{60ntK_t}{10P_t}M_t（1-E）$$

∵ $$Q_aM_a（1-E）:Q_bM_b（1-E）:Q_cM_c（1-E）=A:B:C$$

即 $$\frac{60n_aK_aM_a}{10P_a}:\frac{60n_bK_bM_b}{10P_b}:\frac{60n_cK_cM_c}{10P_c}=A:B:C$$

又因 $$M_a+M_b+M_c=M$$

解此方程组，即可求得M_a、M_b、M_c。

解出后，还应根据工人看台、工区划分等需要，在合理的范围内进行适当的调整，最后确定各类织物的实配台数。

（6）总生产量的确定。计算织前准备和织后整理各工序的配台，必须先算出各类织物的总生产量。对于织前准备，总生产量以每小时生产经纱或纬纱的重量计。对于织后整理则采用每小时生产织物的米数计（m/h）。

因此，各类织物的总生产量Z_t计算如下。

$$Z_t（m/h）=Q_tM_t（1-E）$$

或 $$Z_t（kg/h）=\frac{G_t}{100}Q_tM_t（1-E）$$

式中：Q_t——各类织物织机定额生产率，m/（台·h）；

G_t——各类织物经纬纱用纱量，kg/100m；

E——计划停台率。

（7）准备整理车间配台计算。一般计算过程是从后工序往前，一一算出，各类织物分别计算，再汇总平衡。

①穿经架或结经机。

$$定额台数M_{定}（台）=\frac{总生产量（m/h）\times 总经根数}{每个织轴可织布长（m）\times 穿结经定额［根/（台·h）］}$$

或 $$M（台）=\frac{经纱总生产量（kg/h）}{穿结经定额［kg/（台·h）］}$$

$$计算台数M_{计}（台）=\frac{M_{定}}{1-E}$$

配备台数：各类织物计算台数确定之后，有小数则取整进位，求总配备台数，再考虑改换品种、穿小轴等情况，增加1～2台。

②浆纱机和整经机。

$$定额台数M_{定}（台）=\frac{经纱总生产量（kg/h）}{定额生产率［kg/（台·h）］}$$

$$计算台数M_{计}（台）=\frac{M_{定}}{1-E}$$

配备台数：将计算台数小数部分取整进位，由于浆纱机和整经机都是少机台而产量大；若小数部分太少，可将几个品种的台数综合平衡考虑，在留有余地的情况下，确定浆纱机和整经机总的实配台数。

③络筒机。

$$定额锭数M_{定}（锭）=\frac{经纱总生产量（kg/h）}{定额生产率［kg/（锭·h）］}$$

$$计算锭数M_{计}（锭）=\frac{M_{定}}{1-E}$$

$$计算台数（台）=\frac{计算锭数}{每台锭数}$$

由于每台络筒机的锭数可能为60锭、80锭、100锭、120锭几种情况，应根据实际需要和设备排列的要求进行选择，一般以100锭为主。

计算值一般带有小数，取整进位得到实配台数。

$$实配锭数M_{定}（锭）=实配台数\times 每台锭数$$

最后将各类产品的实配锭数取其和得到总的实际台数。

④卷纬机。其配台计算类似络筒机，但总生产量采用纬纱的总生产量。

（8）整理车间配台计算。整理车间除打包机外，各机的配台计算基本相同。

①验布机、折布机。

$$定额台数M_{定}（台）=\frac{总生产量（m/h）}{定额生产率［m/（台·h）］}$$

$$计算锭数M_{计}（台）=\frac{M_{定}}{1-E}$$

配备台数：将计算台数的小数部分进位取整，再取各类产品配备台数之和，并增加1～2台验布机（考虑质检部门复查的需要）作为验布机配备的总台数。折布机机台较少，可几个品种汇总综合平衡确定配备总台数。

②刷布机和烘布机。根据品种的需要确定是否需要配备，若某品种配备，其计算方法同验布机。

③打包机。打包机的生产能力大，可按经验估算，而不必进行配台计算。一般1000～2000台织机可配备一台打包机。

3. **成本计算**

面料生产成本包括直接费用、间接费用。直接费用是与生产紧密相关的成本，直接计入产品生产成本；间接费用是与面料生产没有紧密关系的成本。直接用于面料生产过程中消耗的生产原料（纱、线、面料、加工等）和直接生产人员的劳动保护费等在直接材料费用中核算。间接发生的材料费，视受益对象分别在各专项成本中核算。

本节主要分析和计算面料生产过程中，直接费用中生产原料和加工的成本。影响价格的主要因素有原料价格、织造费用、染整费用、染整缩率和市场因素。

（1）原料价格。影响面料价格的主要因素，占面料价格的40%～60%。

经纬纱用量是指织1m坯布需要经纬原料的重量（g/m）。

①长纤类。

$$经纱用量（g/m）=总经根数\times\left(\frac{N_D}{9000}\right)\times 1.1$$

$$纬纱用量（g/m）=坯布纬密（根/cm）\times上机门幅（cm）\times\left(\frac{N_D}{9000}\right)\times 1.1$$

$$=成品纬密（根/cm）\times成品门幅（cm）\times\left(\frac{N_D}{9000}\right)\times 1.1$$

②短纤类。

$$经纱用量（g/m）=0.64984\times[经密（根/cm）\times经线纱支（英支）]\times门幅（cm）$$

$$纬纱用量（g/m）=0.64984\times\left[\frac{纬密（根/cm）}{纬线纱支（英支）}\right]\times门幅（cm）$$

注意：也可把短纤换算成长纤，用长纤公式来计算，N_D=5315/Ne。

③加捻类。

$$经纱用量（g/m）=总经根数\times\left(\frac{N_D}{9000}\right)\times 1.1\times（1+捻缩率）\times（1+蒸缩率）$$

$$纬纱用量（g/m）=坯布纬密（根/cm）\times上机门幅（cm）\times\left(\frac{N_D}{9000}\right)\times 1.1\times（1+捻缩率）（1+蒸缩率）$$

式中：N_D——长丝纤度，旦；

蒸缩率——10T/cm以下不计，10～20T/cm取5%，20T/cm以上取6.5%。

注意：1.1=1+10%，10%为织缩率+损耗，一般FDY取1.08，DTY取1.12。

捻缩率指单纱加捻成网线后长度的缩短值对其原长度的百分率。捻缩率计算如下式（其中N_D' 为计算长丝纤度）。

$$捻缩率（\%）=0.0038\times捻度（T/mm）\times捻度（T/mm）\times N_D'$$

当长丝纤度小于130旦时：

$$N_D'=\frac{长丝纤度（旦）}{10}-[长丝纤度（旦）-30]\times 0.01$$

当长丝纤度为130旦及以上时：

$$N_D=11.1+[长丝纤度（旦）-120]\times 0.08$$

加捻加工费用相关计算如下：

捻费（元）=加捻丝的用量（g）×捻度（T/cm）×单位加捻加工费用[元/（g/捻）]

④上浆整经费用。

$$n=\frac{M}{K}$$

式中：n——并轴个数，取整数（只入不舍）；

M——织物总经根数；

K——筒子架最大容量，最大上排原料筒子数1680根。

上浆费用（元）=并轴个数×上浆单价（元/m）×匹长（m）

分批整经费用计算：

分批整经费用（元/m）=并轴个数×整经单价（元/m）×匹长（m）

分条整经。分条整经价格按纱线长度收取，一般为0.1～0.5 元/m。分条整经的最大上排筒子数一般为800。低弹网络丝可以直接上浆，分条上浆费用是0.06～0.1 元/米。

分条整经费用（元/m）=整经单价（元/m）×匹长（m）

（2）织造因素。织造费用受织制织物的织机的类型、织造难易程度、织造工艺流程、工本费用及织物纬密等因素的影响。

在算织造费用时，企业一般都把以上各种费用折算到一梭（一纬）多少钱。根据工艺难易程度而估算其费用。

坯布价格=原料费+织造费

织造费用=纬密（根/cm）×一纬价格（元/梭）

（3）染整因素。染整费用的算法基本跟织造费用的算法相同，受织物的克重量、染料价格、染缩率及选择染整方案、工本费用等影响。

在其他染整因素相同的情况下，织物克重量越大，所吸收的染料越多，所需的费用就越高。

染缩率也是影响染整价格的重要因素之一。成品面料的成本价格如下。

$$\text{成品成本价格}=\frac{\text{坯布价格}}{1-\text{染缩率}}+\text{染费}$$

在坯布价格与染费相等的情况下，染缩率越大，其成品成本价格就越高。原料成分、组织结构越复杂，染整难度越大，相应的染费较高。

染料价格：每种染料价格不同。例如，活性染料就比较贵，而分散染料则比较便宜。

4. 车间布置

织机各工序机台的配合除生产能力平衡、相互适应之外，必须考虑各机工作宽度的配合，否则无法生产。其中以单根纱线为半制品的工序，如络筒机、并纱机、捻线机和卷纬机不存在机幅问题，因而也不必考虑工作宽度的配合（表21-1）。

表21-1　各工序设备的工作宽度

织机	公称筘幅/cm	160	190.5	指走梭板长度
	工作宽度/cm	150	180	最大穿筘幅宽
整经机工作宽度/cm		180	200	指滚筒宽度
浆纱机工作宽度/cm		180	200	指压浆辊允许经轴的最大宽度
穿经架工作宽度/cm		160	180	指最大筘幅
验布机工作宽度/cm		150	170	
烘布机工作宽度/cm		160	180	
折布机工作宽度/cm		150	170	

（1）车间内设备排列的原则。

①相同机器集中在一起，使车间排列整齐美观。

②需有合理的操作弄和通道。

③主要生产设备不能排列在附房内。

④尽量缩短工艺线路，使半制品运输简捷。

⑤机器排列要考虑采光、通风、排湿。

（2）设备排列具体步骤。

①确定主厂房中准备车间和织造车间位置。

②结合柱网尺寸，对织机进行排列。

③结合柱网尺寸，对各准备设备进行排列。

④进行附房布置。

⑤最后标尺寸、厂房方位、设备名称。

（3）织机排列的原则。

①新型织机采用一顺排。

②锯齿形厂房中，为获得良好采光，使织机筘座垂直于天窗排列。

③机台与柱子的相对位置配合要适宜，尽量避免柱子在操作弄。

④合理的操作弄和通道。

⑤节约占地面积。

各通道尺寸应合理规划，主要通道的尺寸要求如下。

操作弄：操作弄用于织机前部引纬、卷布操作，无梭织机操作弄尺寸为800～1000mm，有梭织机操作弄尺寸为500～600mm，如果是锯齿形厂房应注意方向性。

经轴弄：经轴弄用于织机后部装卸经轴，尺寸为1500～2000mm，若柱子放在经轴弄内则要放大经轴弄尺寸。

机侧弄：机侧弄用于更换纬纱原料、检修操作，无梭织机一顺排机侧弄尺寸大约为600mm，大提花织机机侧弄尺寸大于800mm。

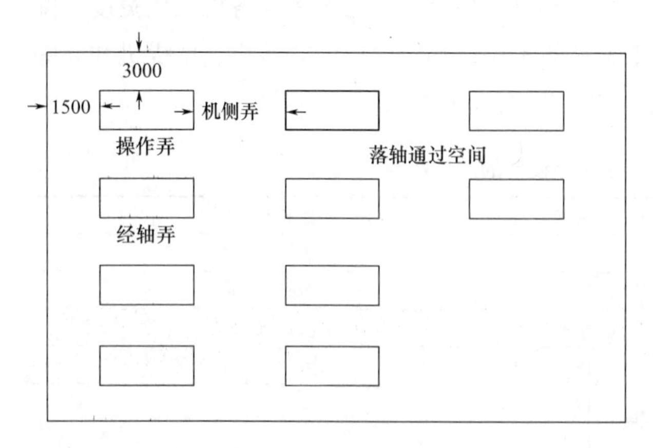

图21-1 通道尺寸示意图

电动机弄：电动机弄用于安放电动机、稳压器等，织机是左右手排列的电动机弄尺寸为300～400mm，织机一顺排的电动机弄尺寸大于600mm，大提花织机的电动机弄尺寸大于800mm。

边弄：边弄用于人员行走、物品搬运，边弄尺寸一般为2000mm，无梭织机一侧必须大于3000mm。

通道示意图如图21-1所示。

（4）织前准备机排列原则。络丝机、并丝机、捻丝机、倒筒机、网络机等长机身设备操作弄均垂直于天窗排列。

机台排列有两种方式：车头相对排列（车尾相向排列），这种方式能节省车间占地面积和便于电动机布线及电动机发热量比较集中；车头一顺排列。

织前准备设备的主要通道尺寸要求如下。

①络丝、并丝、捻丝机。络丝机应靠近车间原料室附近，并丝机、捻丝机等按工艺路线简捷排列，捻丝机靠近定型机。

操作弄：络丝机为750～1100mm；并捻机为650～1000mm。

电动机弄：600～800mm。

车尾弄：1200～1500mm。

机侧边弄：1500～2000mm。

车头边弄：2000～2500mm。

车尾边弄：2500～3000mm。

②整经机（分条整经机、分批整经机）。整经机通道尺寸应便于上轴、卸轴和筒子运输。

上轴弄：用于有梭织机的上轴弄应大于2500mm，用于无梭织机的上轴弄应为4～5m。

机侧弄：用于有梭织机的机侧弄应为800～1200mm，用于无梭织机的机侧弄应大于2000mm。

机侧边弄：用于有梭织机的机侧边弄应大于1500mm，用于无梭织机的机侧边弄应大于2500mm。

车头边弄：用于有梭织机的车头边弄应大于2500mm，用于无梭织机的车头边弄应大于3000mm。

车尾边弄：车尾边弄尺寸应为1500～2000mm。

③浆丝机。浆丝机卷取部位离墙应大于5m，防止成品丝被杂质污染；机侧弄、机侧边弄应大于3000mm。

④并轴机。

机侧弄：通道尺寸为2500～3000mm。

机侧边弄：通道尺寸为2500～3000mm。

车尾车头边弄：通道尺寸为4～5m。

四、任务实施

1. 市场调研

（1）查阅某一类面料的流行品种及发展趋势，收集这一类新型面料，并进行面料分析。

（2）调查这类面料的生产厂家分布、零售价格区间。

（3）调查这类面料的销售情况，面料的用途，消费者的喜好。

2. **面料分析**

（1）纤维种类鉴别。

①仪器。打火机、KI—I的饱和溶液。

②方法。用打火机点燃经纬纱线，观察燃烧的现象。

（2）经纬密度测定。

①仪器。Y511B型织物密度镜。

②方法。将织物密度镜平放在织物上，刻度线沿经纱或纬纱方向，然后旋动螺丝杆，将刻度线与刻度尺上的零点对准，用手缓缓转动螺杆，计数刻度线所通过的纱线根数直至刻度线与刻度尺的50mm对齐，即可得出织物在50mm中的纱线根数，将其换算成10cm内经纬纱根数即为织物经纬密度。

（3）经纬纱线密度测定。

①仪器。FA2104SN电子天平、直尺。

②方法。将经纬纱从织物中取出（长度尽量长一些），取10组试样，将它们整理剪切成相同长度，然后分别称重，利用长度和重量计算纱线的线密度。计算完后记录下来。

（4）经纬纱捻度（捻向）测定。

①仪器。Y331A型纱线捻度仪。

②方法。利用加捻退捻法，将单纱两头夹在校准后的捻度仪上，按开机键后，开始退捻并反向加捻，当弧指针回零自停后，记下显示数，此显示数为实际捻回数的两倍，重复测试3组，避免误差。

（5）织物组织测定。

①仪器。照布镜。

②方法。将织物经纬向分别扯掉1cm的宽度，然后将织物平放在桌子上，用钩针配合照布镜将织物中的经纬纱一根根拔出，将每个交织点记录下来，直到完成整个组织循环。

3. **设计牛仔布品种及工艺计算设计**

（1）计算织物规格参数，填写工艺规格表。

设成品幅宽为150cm，边纱根数为48×2=96根，每筘穿入数为4入。

测量成品布规格参数，根据成品布规格推算出织物上机工艺规格参数。

总经根数（根）=成品幅宽×成品经密

坯布经密（根/10cm）=成品经密×（1-染整幅缩率）

上机筘幅（cm）=［总经根数-边纱根数×（1-布身穿入数/布边穿入数）］/（布身每筘穿入数×筘号）×10

筘号（齿/10cm）=坏布经密/地经每筘穿入数×（1-织造幅缩率），修正为整数

上机纬密（根/10cm）=坯布纬密-0.5

平方米质量（g/m^2）=无浆干燥重/试样面积/1000

织缩率（%）：织造长缩率=（21.8-17.3）/21.8=20.6%，织造幅缩率=（27-24）/27=11.1%

经纱捻缩率（%）= 0.0038 × 捻度（T/mm）× 捻度（T/mm）× D'，蒸缩率不计

纬纱捻缩率（%）=0.0038 × 捻度（T/mm）× 捻度（T/mm）× D'，蒸缩率不计

经纱用量（g/m）=总经根数 × D/9000 × 1.1 ×（1+捻缩率）×（1+蒸缩率）

纬纱用量（g/m）=坯布纬密 × 上机门幅 × D/9000 × 1.1 ×（1+捻缩率）(1+蒸缩率）

（2）根据坯布工艺规格参数，设计工艺流程。

（3）根据工艺流程，选用合适的织机、织前准备设备。

（4）确定织机、织前准备设备合适的工艺参数。

4. **车间工艺布置图设计**

（1）计算织机、织前准备设备的额定生产率。

（2）计算织机的定额台数、实际台数。

（3）根据织机生产率进行产量计算。

（4）根据产量，计算织前准备各工序设备的定额台数。

（5）确定主厂房中准备车间和织造车间位置。

（6）结合柱网尺寸，对织机进行排列。

（7）结合柱网尺寸，对各准备设备进行排列。

（8）进行附房布置。

（9）最后标尺寸、厂房方位、设备名称。

五、数据与分析

1. **产品介绍**

（1）面料性能。

（2）面料用途。

（3）面料的发展趋势。

2. **样布分析**

（1）纤维种类鉴别（表21–2）。

表21–2　纤维种类鉴别

仪器、试剂	经纱	纬纱
方法		
现象		
结论		

（2）经纬密度测定（表21-3）。

表21-3　经纬密度测定

	1	2	3	平均值
经密/［根·(5cm)$^{-1}$］				
纬密/［根·(5cm)$^{-1}$］				

（3）经纬纱线密度测定（表21-4）。

表21-4　经纬纱线密度测定

	经线	纬线
10根20cm纱线质量/g		
线密度/tex		

（4）经纬纱捻度（捻向）测定（表21-5）。

表21-5　经纬纱捻度（捻向）测定

	1	2	3	平均值
经纱/（T·10cm^{-1}）				
纬纱/（T·10cm^{-1}）				

（5）织物组织测定。

（6）织物规格计算（表21-6）。

表21-6　织物规格

<table>
<tr><td>品号、品名</td><td></td><td>织机类型</td><td></td></tr>
<tr><td colspan="3">钢筘：筘内幅____cm+布边____cm×2=钢筘外幅____cm</td><td>筘号：____齿/cm　____根/筘齿</td></tr>
<tr><td colspan="4">总经：A：____+B：____+C：____+D：____+E：____+2×边经____=总经____根</td></tr>
<tr><td rowspan="5">经原料组合</td><td>A：例如，50S　棉　780T/m白色</td><td rowspan="5">原料用量（g/m）</td><td rowspan="7">基本组织</td></tr>
<tr><td>B：</td></tr>
<tr><td>C：</td></tr>
<tr><td>D：</td></tr>
<tr><td>E：</td></tr>
<tr><td rowspan="5">纬原料组合</td><td>A：</td><td rowspan="5">原料用量（g/m）</td></tr>
<tr><td>B：</td></tr>
<tr><td>C：</td><td>坯布规格</td></tr>
<tr><td>D：</td><td>外幅：____cm</td></tr>
<tr><td>E：</td><td>内幅：____cm</td></tr>
</table>

续表

<table>
<tr><td rowspan="4">成品
规格</td><td>外幅：____cm</td><td>成品长度：____m</td><td rowspan="3">总重量
（g/m）</td><td>经密：____根/cm</td></tr>
<tr><td>内幅：____cm</td><td>平方米重：____g/m^2</td><td>纬密：____根/cm</td></tr>
<tr><td>经密：____根/英寸</td><td>每米克重：____g/m</td><td>落布长度：____m</td></tr>
<tr><td>纬密：____根/英寸</td><td>平方码重：____OZ/Y^2</td><td colspan="2">上机纬密：____根/cm</td></tr>
<tr><td colspan="5">边筘齿：____齿　边经数：____根　____综/齿×____齿　边组织：</td></tr>
</table>

3. **工艺流程、设备选型及技术特征**

（1）工艺流程。

（2）设备选型。

①络筒机。

②倍捻机。

③整经机。

④浆纱机。

⑤定型机。

⑥倒筒机。

⑦织机。

⑧验布机。

⑨折布机。

4. 价格核算、产量计算及机器配置

（1）坯布成本价格核算（设匹长1m）（表21–7）。

表21–7 坯布成本价格核算

原料价格/元	经纱		纬纱	
经纱用量/（$g \cdot m^{-1}$）				
经纱价格/元				
经纱用量/（$g \cdot m^{-1}$）				
纬纱价格/元				
加捻	捻费=加捻丝的用量×捻度×0.0003元/g/捻			
经纱加捻费/元				
纬线加捻费/元				
上浆	上浆费用=并轴个数×上浆单价×匹长			
上浆费用/（元$\cdot m^{-1}$）				
总上浆费用/元				
整经	分批整经费用=并轴个数×整经单价×匹长			
整经费用/（元$\cdot m^{-1}$）				
总整经费用/元				
织造	织造费用=纬密×一纬价格			
织造费用/元				
坯布总费用/元				

（2）织机配台数（表21–8）。

表21–8 织机配台数

织机定额台数/台	
织机实际台数/台	
织机定额生产率/%	
织机总产量/（$m \cdot h^{-1}$）	
每小时经纱用量/（$m \cdot h^{-1}$）	
每小时纬纱用量/（$m \cdot h^{-1}$）	

（3）其他工序配台数（表21-9）。

表21-9　其他工序配台数

工序	配台数
络筒机定额生产率/［kg·（锭·h）$^{-1}$］	
络筒机定额锭数/锭	
络筒机定额台数/台	
络筒机实际台数/台	
整经机定额生产率/［kg·（台·h）$^{-1}$］	
整经机的额定台数/台	
整经机实际台数/台	
浆纱机定额生产率/［kg·（台·h）$^{-1}$］	
浆纱机定额台数/台	
浆纱机实际台数/台	
验布机定额生产率/［kg·（台·h）$^{-1}$］	
验布机定额台数/台	
验布机实际台数/台	
折布机定额生产率/［kg·（台·h）$^{-1}$］	
折布机定额台数/台	
折布机实际台数/台	

5. **车间工艺布置**

车间平面示意图（车间面积为18m×24m，设织机台数已知，标出通道尺寸、厂房方位、设备名称）。

参考文献

[1] 黎灰件. XL-108高速络筒机工艺参数的确定及理论探讨[J]. 丝绸，2000，01：29-31.
[2] 张小英，沈至珍. 结子线的结构特征分析及影响因素[J]. 丝绸，2000，10：36-37.
[3] 汪泽幸，苏雅君，李洪登，等. 常用纱线定捻法及其定捻效果评价[J]. 湖南工程学院学报（自然科学版），2015，04：62-65.
[4] 盛翠红，张一心，潘峰，等. 纯毛Z/Z强捻股线蒸纱工艺实践[J]. 毛纺科技，2014，01：15-18.
[5] 盛翠红，张一心，潘峰，等. 一种纱线捻度稳定性测试装置及方法研究[J]. 棉纺织技术，2014，02：59-62.
[6] 李旭，钱坤，曹海建. 纯棉纱线在单纱浆纱机上的上浆性能探讨[J]. 上海纺织科技，2006，12：23-24，59.
[7] 徐伯俊，谢春萍. 竹节纱的生产工艺及控制装置[J]. 纺织导报，2004，02：46-48，108.
[8] 王鸿博，储友明，钱坤. 单纱浆纱机上浆机理及主要机构分析[J]. 毛纺科技，2004，12：55-57.
[9] 王增喜. 短纤维纱线捻度稳定性的评价及其影响因素的研究[J]. 化学纤维与纺织技术，2014，04：22-27.
[10] 毛成栋. 钩编花式纱编织技术探讨[J]. 针织工业，2009，07：16-18，79.
[11] 沈国先，陈根才. 新型真空汽蒸定型机在纺织厂的应用及效果分析[J]. 现代纺织技术，2009，06：55-57.
[12] 俞丹丽，唐立敏，张文雅，等. 钩编羽毛花式纱的纺纱工艺[J]. 毛纺科技，2012，06：5-7.
[13] 付微，张佩华. 海岛丝织物的热定型工艺[J]. 东华大学学报（自然科学版），2007，04：511-515，538.
[14] 王敏，沈家庆. 卷绕成型的技术分析[J]. 合成纤维，2005，01：29-30.
[15] 唐立敏. 利用HKV151B型花式捻线机开发花式纱线[J]. 丝绸，2005，04：28-29，32.
[16] 陶建勤，陈锡勇，胡明. 圈圈纱在空心锭与环锭组合式花式捻线机上的生产实践[J]. 毛纺科技，2001，02：39-42.
[17] 葛明桥，丁志荣. 网络丝交络强度的检测与评价[J]. 合成纤维，2001，04：25-28.
[18] 张建林. 网络度的仪器测定及参数设定[J]. 金山油化学纤维，1992，03：11-14.
[19] 王建坤，马会英，郑俊芝，等. 网络度对网络丝及其织物强力的影响[J]. 天津纺织工学院学报，1998，05：25-28.
[20] 邱华，葛明桥. 网络加工参数对网络丝质量显著性影响的评价[J]. 合成纤维，

2008，05：16-19.
[21] 冯伟英. 止捻率和定形程度的探讨 [J]. 江苏丝绸，1994，03：25-26.
[22] 葛明桥，王嘉华，陈嘉. 网络器与网络加工关系的研讨 [J]. 合成纤维工业，1995，06：29-33.
[23] 卢雨正，腾广兴. 竹节纱的生产方式及实际应用 [J]. 纺织导报，2013，10：61-64.
[24] 朱苏康，高卫东. 机织学 [M]. 北京：中国纺织出版社，2008.
[25] 李丽君，崔鸿钧. 机织技术实验教程 [M]. 上海：东华大学出版社，2009.
[26] 祝成炎，张友梅. 现代织造原理与应用 [M]. 杭州：浙江科学技术出版社，2002.
[27] 盛明善，沈红文. 织物样品分析与设计 [M]. 北京：化学工业出版社，2013.
[28] 沈兰萍. 织物结构与设计 [M]. 北京：中国纺织出版社，2012.
[29] 顾平. 织物结构与设计学 [M]. 上海：东华大学出版社，2006.
[30] 李允成. 涤纶长丝生产 [M]. 2版. 北京：中国纺织出版社，2002.
[31] 周惠煜. 花式纱线开发与应用 [M]. 北京：中国纺织出版社，2009.
[32] 朱苏康. 机织实验教程 [M]. 北京：中国纺织出版社，2015.
[33] 严瑛，高亚宁. 纺织材料检测实训教程 [M]. 上海：东华大学出版社，2012.
[34] 耿琴玉，瞿才新. 纺织材料检测 [M]. 上海：东华大学出版社，2013.
[35] 高卫东，王鸿博，牛建设. 机织工程 [M]. 北京：中国纺织出版社，2008.
[36] 牛建设. 织造工程 [M]. 北京：化学工业出版社，2015.
[37] 吕面熙，梁平. 机织概论 [M]. 北京：中国纺织出版社，2005.
[38] 蔡永东. 新型机织设备与工艺 [M]. 上海：东华大学出版社，2008.
[39] 浙江丝绸工学院. 织物组织与纹织学 [M]. 北京：中国纺织出版社，2003.
[40] 朱进忠. 纺织材料学实验 [M]. 北京：中国纺织出版社，2008.